建筑电气工程供配电技术研究

赵　磊◎著

中国商务出版社

·北京·

图书在版编目（CIP）数据

建筑电气工程供配电技术研究／赵磊著. -- 北京：
中国商务出版社，2025.1. -- ISBN 978-7-5103-5585-1

Ⅰ. TU852

中国国家版本馆 CIP 数据核字第 2025YG2318 号

建筑电气工程供配电技术研究

赵　磊◎著

出版发行：中国商务出版社有限公司

地　　址：北京市东城区安定门外大街东后巷 28 号　邮　　编：100710

网　　址：http://www.cctpress.com

联系电话：010—64515150（发行部）　　010—64212247（总编室）
　　　　　010—64515164（事业部）　　010—64248236（印制部）

责任编辑：丁海春

排　　版：北京天逸合文化有限公司

印　　刷：宝蕾元仁浩（天津）印刷有限公司

开　　本：710 毫米×1000 毫米　1/16

印　　张：12.75　　　　　　　　　　　字　　数：194 千字

版　　次：2025 年 1 月第 1 版　　　　　印　　次：2025 年 1 月第 1 次印刷

书　　号：ISBN 978-7-5103-5585-1

定　　价：79.00 元

前　言

在现代建筑领域，电气工程扮演着至关重要的角色，而供配电技术则是其重中之重。随着城市化进程的加速和智能建筑的兴起，建筑电气工程面临着前所未有的机遇与挑战。《建筑电气工程供配电技术研究》一书旨在系统地探讨建筑电气工程中的供配电技术，为工程师、研究人员以及相关领域的从业者提供技术参考。

建筑电气工程的发展历程见证了电力技术的革新与进步。从最初的简单照明系统，到如今复杂的智能供配电网络，这一领域发生了翻天覆地的变化。当前，能源效率、系统可靠性、智能化管理等议题正推动着供配电技术向更高层次发展。基于这一背景，本书探讨了如何在现代建筑中优化供配电系统的设计、安装与运维。

本书严格遵循科学研究的逻辑体系，从基础理论到实际应用，逐步深入。首先，本书阐述了建筑电气工程的基本概念并回顾了其发展历程，为之后的研究奠定了坚实的理论基础。随后，详细阐述了供配电系统的核心理论，包括电力系统的结构、运行机制、稳定性分析等关键问题。在此基础上，深入探讨了建筑电气工程的规划设计方法，涵盖从系统优化到设备选型的各个环节。

另外，本书还专门设置了章节，讨论供配电系统的设备与组件，以及其安装调试过程。这些内容直接关系到工程实践，对提高供配电系统的质量和效率具有重要意义。同时本书也关注了智能建筑与自动化供配电系统的融合情况，探讨了新能源技术在建筑供配电中的应用前景，以期为未来的技术发展指明方向。

　　在当前全球能源转型和可持续发展的大背景下，建筑电气工程供配电技术的研究与应用越发重要。本书旨在成为这一领域的参考文献，为推动行业进步、培养专业人才提供有力支持。衷心希望本书能够为读者开启建筑电气工程供配电技术的新视野，激发更多的技术创新和实践探索。

作　者

2024. 12

目　录

第一章　建筑电气工程基础与发展概述

第一节　建筑电气工程概述

　　建筑电气工程是一门融合多学科知识的综合性学科，它是电气工程、建筑学、能源工程等多个学科的理论和技术的有机结合。建筑电气工程在现代建筑中的地位和作用是多方面的，它不仅关系到建筑的功能实现和安全运行，也与建筑的能源效率、舒适度、智能化水平密切相关。

一、建筑电气工程的定义

　　从本质上讲，建筑电气工程可以定义为：专注于为建筑物设计、安装、维护和管理电力及相关系统的工程学科，旨在提供安全、可靠、高效且可持续的电气解决方案，以满足建筑使用者的多样化需求，并在建筑全生命周期发挥关键作用。

　　这一定义涵盖了建筑电气工程的核心目标和基本特征，与供配电技术研究密切相关。建筑电气工程的主要任务包括但不限于电力供应系统、照明系统、通信系统、安全系统和自动化控制系统的设计、安装、维护和管理。通过这些系统的协同工作，建筑电气工程确保了建筑物能够满足现代社会对舒适、便利和高效生活环境的需求。

　　从学科角度分析，建筑电气工程是电气工程在建筑领域的专门化应用。

它不仅需要丰富的电气工程基础知识，还需要对建筑结构、建筑材料、建筑功能等有全面的了解。这种跨学科的特性使建筑电气工程成为一个既专业又综合的领域。建筑电气工程师需要具备电气系统设计、负荷计算、短路分析、保护协调等专业技能，同时还要了解建筑物理、消防安全、能源管理等相关知识。

建筑电气工程的定义还应包括其在建筑全生命周期中的作用。从建筑的规划设计，到施工安装，再到后期的运营维护，建筑电气工程都发挥着重要作用。在规划设计阶段，电气工程师需要与建筑师、结构工程师等密切合作，确保电气系统与建筑整体设计的协调统一。在施工安装阶段，电气工程师负责监督电气设备和系统的安装质量，确保其符合设计要求和安全标准。在运营维护阶段，电气工程师则需要制订合理的维护计划，保障电气系统的长期稳定运行。

此外，建筑电气工程的定义还应强调其与可持续发展的密切关系。在当今世界，能源效率和环境保护已成为建筑行业的重要考量因素。建筑电气工程通过采用先进的节能技术、智能控制系统和可再生能源，为建筑的可持续发展做出重要贡献。例如，通过设计高效的照明系统、采用变频技术的电机驱动系统、集成太阳能光伏发电系统等措施，可以显著降低建筑的能源消耗，减少碳排放。

总的来说，建筑电气工程是一门既传统又现代的学科。它既要遵循电气工程的基本原理和规律，又要不断吸收新技术、新理念，以适应建筑行业和社会发展的需求。随着智能建筑、绿色建筑、超高层建筑等新型建筑形态的出现，建筑电气工程的内涵和外延都在不断扩展，呈现出多元化、智能化、集成化的发展趋势。

二、建筑电气工程的基本原理

建筑电气工程的基本原理源于电气工程学科，但又具有其特殊性。这些原理为供配电技术的研究和应用提供了坚实的理论支撑。

1. 电路理论

电路理论是建筑电气工程的基础。在建筑电气系统中，需要应用欧姆定律、基尔霍夫定律等基本电路理论来分析和设计各种电路。欧姆定律（U＝IR）描述了电压、电流和电阻之间的关系，是分析电路行为的基础。基尔霍夫电流定律（KCL）和电压定律（KVL）则用于分析复杂电路中的电流分布和电压关系。

在建筑电气系统设计中，电路理论的应用体现在负荷计算、短路电流计算等多个方面。例如，在设计配电系统时，需要根据预计的用电负荷，使用电路理论计算各级配电线路的电流容量，从而选择合适的电缆和保护装置。此外，电路理论还用于分析谐波、功率因数等电能质量问题，为优化供电质量提供理论依据。

2. 电磁场理论

电磁场理论在建筑电气工程中也扮演重要角色，特别是在处理电磁兼容性问题和设计变压器等设备时。麦克斯韦方程组是电磁场理论的核心，描述了电场和磁场之间的关系。在建筑电气工程中，电磁场理论的应用主要体现在电磁兼容性（EMC）设计、变压器设计和天线系统设计等方面。

随着电子设备在建筑中的广泛应用，电磁干扰问题日益突出。电磁场理论帮助工程师理解电磁波的传播特性，从而设计有效的屏蔽和接地装置，减少电磁干扰。在变压器设计中，电磁场理论用于计算磁场分布、确定绕组参数等。对于智能建筑中的各种无线通信系统（如 Wi-Fi、5G），电磁场理论为其天线设计奠定了理论基础。

3. 电力系统理论

电力系统理论是建筑电气工程的核心理论之一，它涉及电力生产、传输、分配和使用的各个环节。在建筑电气工程中，需要运用电力系统理论来设计和优化建筑物的供配电系统，确保电力供应的稳定性和可靠性。

电力系统理论的主要应用包括负荷分析、电压调节、功率因数校正和故障分析等。通过对建筑物各类用电设备的负荷特性进行分析，确定最大需求量、负荷曲线等关键参数，为供配电系统设计提供依据。电压调节理论用于设计合适的调压装置（如有载调压变压器），确保建筑物各用电点的电压质量。功率因数校正技术通过无功补偿，提高系统的功率因数，减少线损，提高供电质量。故障分析则应用短路计算、稳定性分析等理论，评估系统在各种故障情况下的表现，为保护系统设计提供依据。

4. 控制理论

控制理论在建筑自动化系统中用于实现建筑物各种设备和系统的智能控制。结合反馈（PID）控制、模糊控制等先进控制理论，可以实现建筑电气系统的精确调节和优化运行。

在照明控制系统中，利用 PID 控制、模糊控制等理论，实现照明的智能调节，根据自然光强度和人员活动情况自动调整照明亮度。HVAC 系统控制应用多变量控制理论，协调控制温度、湿度、新风量等多个参数，实现室内环境的最优控制。电梯群控系统运用排队论和优化理论，实现电梯的智能调度，提高运行效率。能源管理系统则通过预测控制、自适应控制等，优化建筑的能源使用，实现节能减排。

5. 能源转换原理

建筑电气工程还涉及能源转换原理，特别是在设计和应用新能源系统时。光电转换原理应用于太阳能光伏系统的设计，涉及半导体物理、光学等多个学科的知识。机械能—电能转换原理在风力发电系统中应用，需要考虑空气动力学、发电机理论等。化学能—电能转换原理与燃料电池、蓄电池等储能系统的应用相关。

在建筑电气工程中，理解和应用这些能源转换原理，有助于设计高效的可再生能源系统和分布式能源系统。例如，在设计建筑集成光伏系统时，需要考虑太阳能电池的光电转换效率、建筑朝向、阴影效应等因素，以优化系统性能。

6. 热力学原理

热力学原理在建筑电气工程中也发挥着重要作用，尤其是在设计电气设备的散热系统和建筑物的热管理系统时。热力学第一定律（能量守恒定律）和第二定律（熵增原理）是理解和分析热能转换过程的基础。

在电气设备散热设计中，如变压器、配电柜等大功率设备的散热系统设计，需要应用热传导、热对流、热辐射等理论。电缆的载流量计算也与其散热能力密切相关，需要考虑环境温度、敷设方式等因素。在设计电气系统时，还需要考虑其对建筑热环境的影响，如照明系统、电器设备的发热对空调负荷的影响。

7. 信号与系统理论

信号与系统理论在建筑通信系统和智能控制系统的设计中发挥着重要作用，可以帮助工程师进行各种信号的传输、处理和分析，为建筑智能化提供理论支持。

在楼宇自控系统、安防系统等设计中，信号与系统理论用于信号传输和处理。能源管理系统中的用电数据采集和分析也依赖于这一理论。此外，在各种测量和控制系统中，信号处理技术用于减少噪声干扰，提高系统的准确性和可靠性。

8. 材料科学原理

材料科学原理在电气设备和线缆的选择与应用中起着关键作用。了解各种导体、绝缘体和磁性材料的性质，对于设计高效、可靠的电气系统至关重要。

在导体材料选择中，需要考虑铜、铝导体的电阻率，机械强度，成本等因素。绝缘材料的选择需要考虑不同环境条件下的性能，如是否耐热、阻燃、耐油等。在变压器、电动机等设备中，磁性材料的选择直接影响设备的能效和性能。

这些基本原理相互关联，共同构成了建筑电气工程的理论基础。实践中，往往需要综合运用多个原理来解决复杂的工程问题。例如，在设计一个智能照明系统时，不仅需要应用电路理论进行电气设计，还需要运用控制理论实现智能调光，同时考虑能源效率和热管理问题。

建筑电气工程的复杂性和综合性要求工程师具备扎实的理论基础和广博的理论知识，能够灵活运用这些原理，解决实际工程中的各种难题。随着技术的不断进步，这些基本原理也在不断发展和完善，为建筑电气工程的创新和进步提供持续的动力。

三、建筑电气工程的主要特征

建筑电气工程具有几个显著的特征，这些特征反映了该学科的独特性和重要性，同时也为供配电技术的研究和创新提供了广阔的空间。

1. 系统性和综合性

建筑电气工程具有高度的系统性和综合性。它不仅涉及电气系统本身，还需要与建筑的其他系统如暖通、给排水、消防等协调配合。这种系统性要求工程师具有全局观，能够统筹考虑各个系统之间的影响和协同效应。

系统性体现在系统集成、接口协调和全生命周期等方面。建筑电气系统需要将供电、照明、通信、控制等多个子系统有机集成，形成一个协调运行的整体。同时，电气系统需要与建筑其他专业系统有效对接，如与暖通系统的电源和控制接口、与给排水系统的用电配合等。从规划设计到施工安装，再到运行维护，建筑电气工程需要考虑建筑全生命周期的需求。

综合性体现在知识和技能的多样化要求上。建筑电气工程师不仅需要掌握电气工程的专业知识，还需要了解建筑学、热工学、控制理论、信息技术等多个领域的知识。这种跨学科的知识结构使建筑电气工程成为一个需要持续学习和更新知识的领域。

2. 安全性

安全性是建筑电气工程的首要特征。电气系统直接关系到建筑使用者的生命财产安全，因此在设计、安装和运行的各个环节都必须严格遵守安全标准和规范。

安全性体现在多个方面。首先是触电防护，通过采用接地系统、漏电保护装置等措施，防止人员触电；其次是火灾预防，选用阻燃材料、设置防火分区、安装火灾自动报警系统等，降低电气火灾风险；最后是过载保护、短路保护等，通过合理选择和设置各种保护装置，确保电气系统在各种异常情况下能够安全运行。

在智能建筑中，安全性还延伸到了信息安全领域。随着建筑自动化系统和物联网技术的广泛应用，如何保护电气系统免受网络攻击和数据泄露已成为新的安全挑战。

3. 可靠性

可靠性是建筑电气工程的另一个重要特征。建筑电气系统需要长期稳定运行，为建筑提供持续可靠的电力供应和服务。这就要求在系统设计时充分考虑各种可能的故障情况，采取必要的冗余设计和备用措施。

提高系统可靠性的方法包括：采用高质量的电气设备和材料；合理设计系统结构，如双电源供电、关键负荷采用不间断电源（UPS）等；实施预防性维护，定期检查和维护电气设备；建立完善的故障诊断和快速恢复机制等。

在大型公共建筑和数据中心等对供电可靠性要求极高的场所，往往采用多重备份和智能切换技术，以确保电力供应的连续性。

4. 灵活性和可扩展性

灵活性和可扩展性也是建筑电气工程的显著特征。随着建筑功能的变化和技术的进步，电气系统需要灵活调整和扩展。这就要求在初始设计时预留足够的发展空间，采用模块化和标准化的设计方法。

灵活性体现在系统能够适应不同的使用需求和运行模式上。例如，办公建筑的照明系统应能根据不同区域和时段的需求进行灵活控制；配电系统应能适应负荷变化和新增设备的需求。

可扩展性则要求系统具有良好的升级和扩容能力。例如，预留足够的配电容量和线路空间，采用可编程的控制系统等。这种特征使建筑电气系统能够随着建筑功能的演变和技术的进步而不断更新和完善。

5. 节能环保

节能环保是当代建筑电气工程的重要特征。通过采用高效设备、智能控制等手段，建筑电气系统需要最大限度地降低能源消耗和环境影响。这不仅是技术要求，也是社会责任的体现。

节能措施包括：采用高效照明系统（如 LED 灯具）；使用变频技术降低电机系统能耗；实施需求侧管理，优化用电负荷；集成可再生能源系统，如太阳能光伏发电；采用智能能源管理系统，实现能源使用的精细化控制等。

环保方面，则体现在选用环保材料、减少电磁污染、降低噪声等方面。

例如，选用无卤低烟电缆，采用低噪声变压器等。

6. 标准化和模块化

标准化和模块化是建筑电气工程的重要特征，有利于提高设计和施工的效率，降低成本。通过采用标准化的设计方法和模块化的产品，可以大大简化工程实施过程，提高质量和可维护性。

标准化体现在设计规范、产品规格、安装方法等多个方面。例如，采用统一的电压等级、标准化的配电箱设计等。模块化则体现在系统构成和产品设计上，如模块化的配电柜、可插拔式的控制模块等。

这种特征不仅提高了工程效率，也为未来的系统升级和扩展提供了便利。

7. 前瞻性

建筑电气工程还具有前瞻性特征，需要在设计时考虑未来技术发展和需求变化的可能性。这要求工程师具有洞察力和创新精神，能够预见未来的发展趋势并做出相应的准备。

前瞻性主要体现在：预留电动汽车充电设施的接口，为未来的智能家居系统预留控制接口，考虑 5G 技术在建筑中的应用等。这种前瞻性设计可以延长建筑电气系统的使用寿命，避免出现因技术落后而需要大规模改造的情况。

8. 经济性

尽管安全性和可靠性是首要考虑，但经济性也是建筑电气工程的重要特征。在满足技术要求的前提下，需要综合考虑初始投资和运行维护成本，选择最经济合理的方案。

经济性的考虑贯穿于整个建筑电气工程的生命周期。在设计阶段，需要权衡不同技术方案的成本效益；在设备选型时，需要考虑设备的初始成本、能效水平和使用寿命；在系统运行阶段，需要通过智能控制和有效管理降低运行成本。

9. 美观性

虽然功能性是建筑电气工程的主要目标，但美观性也越来越受到重视。电气设备和系统的外观设计需要与建筑整体风格协调，不仅要满足技术要求，还要考虑视觉效果。

这种美观性体现在多个方面，如照明设计需要考虑光环境的艺术效果，配电箱和控制面板的外观需要与建筑内部装修风格协调，线缆敷设需要考虑整洁美观等。在一些公共建筑中，电气设备甚至可以成为建筑艺术的一部分，如特殊设计的照明装置等。

这些特征共同决定了建筑电气工程的复杂性和挑战性，也为供配电技术的研究和创新提供了广阔的空间。工程师需要在这些特征之间寻求平衡，以创造出安全、高效、智能且可持续的建筑电气系统。随着技术的进步和社会需求的变化，这些特征也在不断演变，推动着建筑电气工程产业的持续发展。

四、建筑电气工程在建筑中的地位和作用

建筑电气工程在现代建筑中占据着至关重要的地位，其作用可以从多个方面来阐述。理解建筑电气工程的地位和作用，有助于深入把握供配电技术研究的意义和方向。

1. 功能支撑

建筑电气工程是建筑功能实现的基础。无论是照明、空调、电梯还是各种办公设备，都离不开电力供应和控制。电气系统可以说是建筑的"血液循环系统"，为建筑的各个部分提供能量支持。没有完善的电气系统，现代建筑的大多数功能都无法实现。

在商业建筑中，电气系统支持各种商业活动的开展，如商场的照明和空调、办公楼的电脑和通信设备等。在工业建筑中，电气系统为生产设备提供支撑，是生产活动的动力来源。在住宅建筑中，从基本的照明到各种家用电器的使用，电气系统则为居民的日常生活提供便利。

2. 安全保障

建筑电气工程对建筑的安全起着关键作用。包括火灾报警系统、应急照明系统、安防系统等在内的各种安全系统，都属于建筑电气工程的范畴。这些系统直接关系到建筑使用者的生命财产安全，是建筑安全的重要保障。

火灾自动报警系统能够及时发现火情，触发报警和联动控制，为人员疏散和火灾扑救赢得宝贵时间。应急照明系统在紧急情况下为疏散通道提供必

要的照明。安防系统则通过门禁控制、视频监控等手段，防范各种安全威胁。此外，电气系统本身的安全设计，如过载保护、短路保护、接地保护等，也是确保建筑安全的重要组成部分。

3. 灾害应对

建筑电气工程在应对各种灾害时发挥着关键作用。在发生自然灾害或其他紧急情况下，电气系统的可靠性直接关系到建筑的安全和功能维持。

例如，在地震等自然灾害中，建筑电气工程通过设计抗震性能良好的电气设备和系统，确保关键设施在灾害中能够继续运行。在火灾等紧急情况下，消防应急电源系统能够为消防设备提供可靠的电力供应，支持灾害应对和人员疏散。

4. 社会责任

建筑电气工程在履行社会责任方面也发挥着重要作用。通过采用节能环保技术，建筑电气工程为减少建筑能耗、降低碳排放做出了重要贡献。

例如，通过设计高效的供配电系统，减少电能损耗；采用智能控制技术，避免不必要的能源浪费；通过集成可再生能源系统，减少对化石能源的依赖。这些措施不仅降低了建筑的运营成本，也为应对气候变化、实现可持续发展做出了贡献。

随着城市化进程的加快和人们对生活品质要求的提高，建筑电气工程的重要性将进一步凸显。它将在智慧城市建设、绿色建筑发展、能源互联网实现等方面发挥更大的作用。同时，建筑电气工程也面临着诸多挑战，如如何应对日益复杂的建筑功能需求，如何协调不同系统之间的接口，如何平衡技术先进性和经济可行性等。这些挑战也为建筑电气工程的未来发展提供了动力和方向。

在供配电技术研究方面，建筑电气工程的地位和作用为研究指明了方向。未来的研究应该着眼于如何提高供配电系统的可靠性和效率，如何更好地集成可再生能源，如何实现更智能的能源管理，以及如何应对新型负荷带来的挑战等。同时，研究还应该关注新技术在建筑供配电领域的应用，如直流配电技术、微电网技术、能源存储技术等，探索这些技术如何更好地服务于建筑的需求。

随着技术的进步和社会需求的变化，建筑电气工程的内涵和外延都在不断扩展，呈现出多元化、智能化、集成化的发展趋势。这种发展趋势也为供配电技术的研究提供了广阔的空间和新的挑战。

第二节 供配电技术的发展历程与趋势

供配电技术是建筑电气工程的核心组成部分，其发展历程不仅反映了电力技术的进步，也体现了建筑用电需求的变化。本节将详细探讨供配电技术的历史演变、技术进步对供配电的影响，以及智能电网与现代建筑电气的关系。

一、供配电技术的历史演变

供配电技术的发展可以追溯到 19 世纪末电力开始商业化应用的时期。从最初的简单直流系统到现代复杂的交流配电网络，供配电技术经历了巨大的变革。以下将按时间顺序详细阐述这一演变过程。

1. 早期直流供电阶段（19 世纪末至 20 世纪初）

这一阶段标志着供配电技术的起步。1882 年，爱迪生在纽约珍珠街建立了世界上第一个中央发电站，采用 110V 直流系统为周边建筑供电。这个系统主要用于照明，供电半径仅有 1~2 公里。直流供电系统的主要特点是电压等级低，通常为 110V 或 220V；供电距离短，输电损耗大；主要用于照明和小功率电机驱动；需要在用户端安装蓄电池以维持电压稳定。

这一时期的供配电系统结构相对简单，主要由发电机、配电线路和用电设备组成。由于技术限制，系统的可靠性和效率都较低。频繁的电压波动和供电中断是常见问题，这也成为供配电技术进一步发展的动力。

然而，尽管存在诸多限制，直流供电系统在当时仍然发挥了重要作用。它为城市照明提供了便利，推动了电气化进程。同时，这一阶段的实践经验为后续交流供电系统的发展奠定了基础。

2. 交流供电体系确立阶段（20世纪初至20世纪30年代）

这一阶段的主要特征是交流供电系统的建立和完善。1886年，美国科学家威廉·斯坦利发明了实用的交流变压器，为交流供电系统的推广奠定了基础。1895年，美国尼亚加拉瀑布水电站建成，采用三相交流系统，标志着大规模交流供电时代的到来。

交流供电系统的优势在于可以通过变压器灵活改变电压，实现远距离输电；可以采用更高的电压等级，减少线路损耗；能够更好地满足大功率用电设备的需求。这一阶段的主要进展包括确立了三相交流50Hz/60Hz的供电标准；开发了各种交流电气设备，如交流电动机、变压器等；建立了初步的输配电网络结构。

这一时期，供配电系统的结构开始变得复杂。发电厂、变电站、输电线路、配电网络等构成了完整的电力系统。变压器的应用使电压的灵活变换成为可能，从而实现了大范围的电力传输和分配。同时，电力系统的保护和控制技术也开始发展，如断路器、继电保护装置等的应用，提高了系统的安全性和可靠性。

然而，这一阶段的供配电技术仍然存在一些问题，如保护装置不完善、电能质量控制手段有限等。电力系统的规模虽然扩大，但运行管理仍然相对简单，主要依靠人工操作和监控。

3. 电力系统快速发展阶段（20世纪30—70年代）

这一阶段是供配电技术的快速发展期。随着工业化进程的加快和城市化水平的提高，电力需求迅速增长，推动了供配电技术的全面进步。主要特点是电压等级不断提高，从110kV发展到500kV甚至更高；输配电网络结构日益完善，形成了从发电、输电到配电的完整体系；电力系统保护和控制技术取得重大进展；大型发电厂和区域电网开始出现。

这一时期的供配电系统结构更加复杂和完善。大型火电厂和水电站的建设，高压输电线路的广泛应用，使电力系统的规模和覆盖范围大幅扩大。同时，配电网络也日益完善，逐步形成了多电压等级的配电体系。

在技术方面，这一阶段的重要进展包括：开发了各种高压电力设备；建立了系统的继电保护理论和技术体系；开始应用计算机技术进行电力系统分析和控制；提出并实施了电力系统的经济调度原则。这些技术进步大大提高了供配电系统的可靠性、安全性和经济性。

然而，这一阶段的供配电技术仍然以满足负荷需求为主要目标，对能源效率和环境影响的考虑还不够充分。电力系统的运行仍然相对刚性，难以适应负荷的快速变化和新能源的接入。

4. 自动化和信息化阶段（20世纪70年代至21世纪初）

这一阶段的主要特征是自动化和信息技术在供配电系统中的广泛应用。电力系统的运行和管理水平得到显著提高。主要进展包括开发并应用了电力自动化系统（如SCADA系统）；引入了配电自动化技术，提高了配电系统的可靠性和效率；开始关注电能质量问题，开发了各种电能质量改善技术；可再生能源发电开始并网，对传统供配电系统提出了新的挑战。

这一时期，供配电系统的结构进一步优化。除了传统的发电、输电、配电环节，还增加了调度控制中心、配电自动化主站等新的组成部分。信息通信网络成为电力系统的重要组成部分，实现了电力流和信息流的协同传输。

在技术方面，这一阶段供配电系统的特点：运行更加智能化和自动化；开始重视需求侧管理，推动了负荷管理技术的发展；电力电子技术在供配电系统中得到广泛应用；开始关注电磁兼容性问题。这些技术进步使供配电系统的运行效率和可靠性大幅提高，同时也为应对新的挑战（如可再生能源并网）提供了技术支持。

然而，这一阶段的供配电系统仍然主要是单向流动的，灵活性和适应性还有待提高。面对日益复杂的用电需求和新能源的大规模接入，传统的供配电模式开始显现出局限性。

5. 智能电网阶段（21世纪初至今）

这是供配电技术发展的最新阶段，其主要特征是智能化、互动性和可持续性。智能电网的概念被提出并逐步实施，深刻改变了传统供配电系统的结构和运行方式。主要特点包括：双向电力流和信息流，实现电网与用户的实时互动；大规模可再生能源并网，推动了分布式发电技术的发展；先进测量基础设施（AMI）的广泛应用，为精细化管理奠定了基础；电动汽车充电设施的普及，为供配电系统带来了新的挑战和机遇。

这一阶段的供配电系统结构更加复杂和灵活。除了传统的集中式发电和输配电网络，还包括了大量的分布式能源、微电网、智能用电设备等。系统的边界变得模糊，用户既可以是电力消费者，也可以是生产者和储能者。

在技术方面，这一阶段的重要进展包括：微电网技术的发展，提高了系统的灵活性和可靠性；配电网智能化改造，实现了配电网的自愈能力；需求响应技术的应用，提高了系统的经济性和稳定性；大数据和人工智能技术在电力系统中的应用，提升了决策的科学性和准确性。这些技术进步使供配电系统能够更好地适应新能源的大规模接入，同时也为用户提供了更加个性化和高质量的电力服务。

然而，这一阶段的供配电技术仍然面临诸多挑战，包括如何更好地整合分布式能源、如何应对网络安全威胁、如何平衡系统的复杂性和可靠性等。这些挑战也为供配电技术的未来发展指明了方向。

回顾供配电技术的历史演变，可以看到这一领域经历了从简单到复杂、从被动响应到主动管理的发展过程。每个阶段都有其特定的技术特征和挑战，反映了当时的技术水平和社会需求。这种演变过程为我们理解供配电技术的未来发展趋势提供了重要的参考。

二、技术进步对供配电的影响

技术进步一直是推动供配电系统发展的核心动力。从电力电子技术到信息通信技术，再到新能源技术，各种新技术的出现和应用都对供配电系统产生了深远的影响。以下将详细探讨几个关键技术领域的进步对供配电系统的影响。

1. 电力电子技术的影响

电力电子技术的发展对供配电系统产生了革命性的影响。它不仅改变了电力传输和转换的方式，也为提高系统的灵活性和效率提供了新的手段。主要影响包括：高压直流输电（HVDC）技术的应用，使远距离大容量输电成为可能；柔性交流输电系统（FACTS）的发展，提高了交流输电系统的控制能力和稳定性；电力电子化开关设备的应用，提高了系统的响应速度和保护能力；变频调速技术的广泛使用，大大提高了电机系统的能效。

在建筑供配电系统中，电力电子技术的应用主要体现在以下几个方面：首先，变频技术的广泛应用大大提高了建筑用电设备的效率。例如，变频空调和电梯系统的应用极大地降低了能源消耗。其次，电力电子技术为可再生能源的并网提供了技术支持。光伏逆变器、风力发电变流器等设备使建筑可以方便地接入小型分布式发电系统。最后，基于电力电子技术的无功补偿和谐波治理设备，有效改善了建筑供配电系统的电能质量。

然而，电力电子设备的广泛应用也带来了一些新的问题。例如，大量非线性负载的使用导致谐波污染加剧，对供电质量造成影响。同时，也需要在系统设计中充分考虑电力电子设备产生的电磁干扰。这要求在建筑供配电系统设计中，充分考虑电磁兼容性问题，采取必要的抑制和防护措施。

2. 信息通信技术的影响

信息通信技术（ICT）的发展为供配电系统的智能化和自动化提供了强大的技术支撑。它改变了电力系统的运行和管理方式，使更加精细和高效的控制成为可能。主要影响包括实现了电力系统的实时监测和控制，提高了系统的运行效率和可靠性；促进了配电自动化系统的发展，提高了故障检测和隔离的速度；使需求侧管理和需求响应成为可能，提高了系统的经济性；为大数据分析和人工智能技术在电力系统中的应用奠定了基础。

在建筑供配电系统中，ICT技术的应用主要体现在：首先，智能电表的广泛应用不仅提高了计量的准确性，也为实时电价和用户侧能源管理提供了可能。用户可以根据电价信号调整用电行为，实现节能降耗。其次，基于ICT的建筑能源管理系统（BEMS）可以实现对建筑用电的精细化管理。通过实时监测和智能控制，BEMS可以优化各种用电设备的运行，提高建筑的能源效率。最后，ICT技术为建筑配电系统的智能化运行提供了支撑。例如，基于ICT的配电自动化系统可以快速定位故障，实现自动隔离和恢复供电，大大提高了供电可靠性。

然而，ICT 技术的应用也带来了一些新的挑战。首先是网络安全问题。随着建筑供配电系统越来越依赖于信息网络，如何保护系统免受网络攻击成为一个重要问题。其次是数据隐私问题。大量用电数据的收集和分析可能涉及用户隐私，需要在系统设计和运行中予以充分重视。最后是系统复杂性增加的问题。ICT 系统的引入使供配电系统变得更加复杂，这对系统的设计、运行和维护都提出了更高的要求。

3. 新能源技术的影响

新能源技术，特别是太阳能和风能发电技术的快速发展，对传统的供配电系统提出了新的要求，同时也带来了新的机遇。主要影响包括改变了传统的集中式发电模式，推动了分布式发电的发展；要求供配电系统具有更强的灵活性和适应性，以应对可再生能源的波动性和间歇性；促进了储能技术的发展和应用，以平衡供需关系；推动了微电网技术的发展，提高了局部电网的自给自足能力。

在建筑供配电系统中，新能源技术的应用主要体现在以下几个方面：首先，屋顶光伏系统的应用使建筑不仅是能源消费者，也成为能源生产者。这种"产消者"（Prosumer）的概念对传统的建筑供配电系统提出了新的挑战。系统不仅需要处理双向电力流，还需要有效管理多种能源形式。其次，分布式新能源的接入要求建筑供配电系统具有更强的灵活性和智能性。例如，需要能够实时调整电压和频率，以适应新能源出力的波动。最后，新能源技术推动了建筑级微电网的发展。通过整合分布式发电、储能和负荷控制，建筑可以形成一个相对独立的能源单元，提高了能源自给能力和系统可靠性。

然而，新能源技术的大规模应用也给建筑供配电系统带来了一些挑战。首先是如何处理新能源的间歇性和不确定性。这需要在系统设计中充分考虑负荷预测、出力预测和储能配置等问题。其次是如何确保系统的稳定性。大量分布式新能源的接入可能影响系统的电压和频率稳定，需要采取相应的控制措施。最后是如何优化系统的经济性。新能源设备的初始投资较高，如何平衡投资成本和运行效益是一个需要认真考虑的问题。有关新能源技术在电气工程中的具体的应用情况与相关问题会在下文进行更为详细的讨论。

4. 储能技术的影响

储能技术为解决可再生能源的间歇性问题提供了有效手段，同时也为供配电系统的灵活性和可靠性提供了新的支撑。主要影响包括提高了可再生能源的利用效率，平滑了出力波动；为削峰填谷提供了新的手段，改善了电网的负荷特性；提高了供电系统的可靠性，可以作为应急电源使用；为电力市场的参与者提供了更多的灵活性，有利于电力市场的发展。

在建筑供配电系统中，储能技术的应用主要体现在以下几个方面：首先，大规模电化学储能系统的应用可以有效平抑建筑负荷波动，实现峰谷平移。这不仅可以降低用电成本，还可以减轻电网压力。其次，储能系统可以作为建筑的备用电源，提高供电可靠性。在电网故障时，储能系统可以快速响应，为关键负荷提供不间断电源。最后，储能系统为建筑参与电网辅助服务提供了可能。例如，建筑可以通过调节储能系统的充放电，参与电网的调频调压服务，创造额外的经济效益。

然而，储能技术的应用也面临着一些挑战。首先是成本问题。尽管储能技术近年来取得了显著进步，但总体上仍然较为昂贵，这限制了其大规模应用。其次是寿命问题。储能设备的使用寿命受充放电次数、深度等因素影响，如何延长寿命、降低全生命周期成本是一个重要问题。最后是安全性问题。特别是对于大规模电化学储能系统，如何确保其在建筑中安全运行是一个需要特别关注的问题。

5. 人工智能和大数据技术的影响

人工智能和大数据技术的发展为供配电系统的智能化运行和精细化管理提供了新的工具和方法。主要影响包括：提高了负荷预测的准确性，有利于系统的经济调度；增强了故障诊断和预测性维护的能力，提高了系统可靠性；优化了电网规划和运行，提高了资产利用率；为个性化的能源服务提供了可能，提高了用户满意度。

在建筑供配电系统中，人工智能和大数据技术的应用主要体现在以下几个方面：首先，通过对海量用电数据的分析，可以更准确地预测建筑的用电需求，从而优化供配电系统的设计和运行。例如，可以根据预测结果动态调整变压器容量，提高设备利用率。其次，基于人工智能的故障诊断系统可以快速准确地定位故障，减少停电时间，提高系统可靠性。最后，人工智能技术可以实现建筑用电的智能化管理。例如，通过学习用户行为模式，自动调节空调、照明等设备，实现节能降耗。

然而，人工智能和大数据技术的应用也带来了一些新的问题。首先是数据质量和数据安全问题。大数据分析的效果很大程度上依赖于数据的质量和完整性，如何确保数据的准确性和安全性是一个重要问题。其次是算法透明性问题。一些复杂的人工智能算法可能难以解释，这可能影响决策的可信度。最后是如何处理"黑天鹅"事件。人工智能系统通常基于历史数据训练，可能难以应对前所未有的极端情况。

三、智能电网技术的发展

电网是为城市中的每个居民、企业和基础设施服务的电力网络。智能电网是这些能源系统的下一代产品，它采用了最新的通信技术和连接技术，能够更智能地使用资源、提高能效并减少碳排放。智能电网的发展为现代建筑电气系统带来了新的机遇和挑战。智能电网与现代建筑电气的融合，正在改变传统的建筑供配电模式，推动建筑向更加智能、高效、可持续的方向发展。

1. 智能电网的概念和特征

智能电网是以包括各种发电设备、输配电网络、用电设备和储能设备的物理电网为基础，集成现代先进的传感测量技术、网络技术、通信技术、计算技术、自动化与智能控制技术等的新型电网。智能电网并不是一个全新的概念，从诞生时起，电网一直在根据发电侧、供电侧和需求侧的变化和需要在不断进步。随着智慧城市的发展和可再生能源的广泛应用，智能电网技术成为实现高效、可靠、安全能源供应的关键。智能电网技术的发展正逐渐改变人们对电力系统的认知和运营方式。

一方面，智能电网技术的一个重要方向是分布式能源的应用。传统的电力系统依赖中央发电厂集中供电，但随着可再生能源的快速发展，分布式能源的利用越来越重要。通过智能电网技术，可以实现分布式能源的有效管理和调度，提高能源利用效率。例如，通过智能电网技术，太阳能光伏发电、风力发电和储能系统可以被更加高效地纳入电力系统，为城市提供可靠的清洁能源。

另一方面，智能电网技术的发展也需要建立一个完善的数据管理平台。智能电网涉及大量的能源数据、用户需求数据和设备运行数据的采集和处理。通过建立数据管理平台，可以实现对这些数据的实时监测、分析和优化。例如，通过智能电网技术，可以实现对用户用电习惯的分析，为用户提供个性化的用电建议，提高能源利用效率。同时，数据管理平台也可以为能源供应商提供更精准的供应预测和调度决策，提高能源供应的可靠性。

此外，智能电网技术的发展还需要建立一个完整的能源供应链。传统的电力系统依赖于中央发电厂和传输网络，但随着分布式能源的应用和能源互联网的建设，能源供应链需要更加灵活和智能化。通过智能电网技术，可以实现能源的有效调度和分配，提高供应链的效率和可靠性。例如，通过智能电网技术，可以实现不同能源供应商之间的能源交互和协调，实现能源的优化配置和供需平衡。

2. 中国智能电网发展成就与趋势

2014 年以来，中国智能电网发展加快，尽管中国电网仍以公用大电网为主导、计划经济特征显著，但智能电网新的影响因素明显加强，主要反映在可再生能源的跨越式发展、分布式电源的涌现以及用户侧对公平市场环境的要求提高上。

首先，以风电、光伏为代表的可再生能源的跨越式发展是中国智能电网最显著的特征。截至 2021 年底，中国可再生能源装机规模突破 10 亿千瓦，其中风电、太阳能装机均跃升至世界第一。中国提出 2060 年前实现碳中和的目标，风电、太阳能为主的可变可再生能源的规模化发展是实现碳中和的重要途径。但可变可再生能源的功率具有随机波动性的特点，如何解决电网调峰问题和发用电平衡问题，是发展智能电网的首要挑战。

其次，可再生能源具有分布广、密度低的特点，在靠近负荷的地方建设分布式电源成为可再生能源发展的最经济的方式，分布式电源的地位日益重要。分布式电源的发展，增强了用户侧参与电网调节和电力市场交易的能力和意愿，但也增加了传统电力调度运行机制的负担，对传统的电力系统利益格局带来了冲击。

最后，尽管中国智能电网在技术发展和市场化改革方面都取得了突破性的进展，但仍存在来自技术、机制等方面的挑战。一是新能源的发展带来电网平衡困难和安全挑战；二是建立支撑可再生能源、分布式能源发展的市场机制仍面临诸多束缚；三是数字化的应用仍不普遍，数字化业务水平仍处于初级阶段。

展望未来，智能电网的发展方向如下。

（1）发展多种储能技术，提升可变可再生能源的消纳能力。当前最经济有效的储能是抽水蓄能，中国推出了颇具雄心的抽水蓄能发展目标。但未来随着电化学等新型储能技术的进步和成本的下降，新型储能也将成为储能的主力。同时，在合适的引导机制下，用户侧海量电动汽车也将成为重要的储能资源。

（2）以分布式电源为核心的局域微平衡支撑电网柔性发展。分布式电源的发展，将给中国电网带来更多元的发展趋势。预计至2030年，中国分布式新能源装机将达到4亿千瓦，将形成海量的微电网与公用电网协同运行的格局，微电网内部的微平衡成为整个电力系统平衡的重要基础。

（3）数字化技术全方面应用于电力生产，支撑智能电网业务更高效运营，促进电力企业管理提升和业务转型。其主要应用包括：设备的在线监测、控制；智能运维的开展；对交易的全面支持；高比例新能源电力系统的规划、仿真与运行等。

（4）用户侧新型主体广泛发展，形成多元的市场参与方式。包括电动汽车与电网的互动，通过虚拟电厂聚合可控负荷参与电网调节等。

（5）绿色交易体系发展健全。与传统能源相比，可再生能源具有低碳、绿色环保优势，但可再生能源调节性能差，在电力市场竞争中将处于明显的劣势。为了弥补可再生能源竞争力的不足，将逐步健全可再生能源的绿色交易体系。

为了促进智能电网的更快发展，建议加大新型储能、数字技术、智能微电网等技术的支持力度。同时，在市场机制上，健全适应高比例新能源新型电力系统的市场机制，完善绿电—绿证—碳市场协同政策，凸显可再生能源的环境价值，促进企业积极采购绿电。

智能电网与现代建筑电气的融合正在推动建筑向着更加智能、高效、可持续的方向发展。这不仅改变了建筑的能源使用方式，也为建筑提供了参与更广泛的能源市场的机会。尽管还面临一些挑战，但随着技术的不断进步和应用经验的积累，智能建筑电气系统必将在未来的建筑中发挥越来越重要的作用。

第三节　建筑电气系统的基本组成与作用

建筑电气系统是现代建筑不可或缺的组成部分，它为建筑提供了必要的电力供应和控制，支持着建筑的各种功能和设备的正常运行。本节将详细探讨建筑电气系统的基本组成及其作用，包括变电站与配电系统、电缆与布线系统的配置、照明与动力系统的配置。

一、变电站与配电系统

变电站与配电系统是建筑电气系统的核心，负责接收、转换和分配电能，确保建筑内各用电设备能够获得所需的电力供应。变电站是建筑电气系统中接收和转换电能的重要设施。对于大型建筑或建筑群，可能需要设置专用的变电站。变电站的主要组成部分包括高压进线设备、变压器、低压配电设备、无功补偿装置以及监控和保护设备。

高压进线设备包括高压开关、避雷器等，用于接收来自电网的高压电力。变压器是变电站的核心设备，用于将高压电转换为建筑内部使用的低压电。根据建筑的规模和用电需求，可能采用一台或多台变压器。低压配电设备包括低压开关柜、母线槽等，用于将变压后的低压电分配到建筑的各个部分。

无功补偿装置用于改善电网的功率因数,提高能源利用效率。监控和保护设备包括各种测量仪表、保护继电器等,用于监测变电站的运行状态和保护设备安全。

变电站的主要功能是将来自电网的高压电转换为建筑内部使用的低压电,同时为建筑提供了与外部电网的接口。此外,变电站还具有电能计量、电能质量管理等功能。通过这些功能,变电站确保了建筑电气系统的安全、可靠运行,为建筑内的各种用电需求提供了基础保障。

配电系统负责将变电站转换后的电能分配到建筑内的各个用电点。根据建筑的规模和用途,配电系统可能有不同的结构形式。常见的配电系统结构包括放射式结构、树干式结构和环网结构。放射式结构从变电站向各负荷中心呈放射状分布,结构简单,投资少,但可靠性较低;树干式结构由主干线和分支线组成,类似树的结构,可靠性比放射式高,但成本也较高;环网结构的配电线路形成闭合回路,可靠性高,但造价较高,主要用于对供电可靠性要求较高的场合。

配电系统的主要特点包括分层分级、安全可靠性、灵活性和经济性。分层分级通常采用多级配电的方式,如总配电室、楼层配电室等,便于管理和控制;安全可靠性体现在采用各种保护措施确保供电安全,如过载保护、短路保护等;灵活性表现在能够适应负荷变化和未来扩展的需求;经济性则是在满足技术要求的前提下,追求经济合理的方案。

配电系统包含多种设备,主要有配电柜、母线槽、断路器、接触器、电度表和继电保护装置等。配电柜用于安装断路器、接触器等开关设备和保护设备。母线槽用于大电流的传输,具有安装灵活、散热好等优点。断路器用于电路的接通与分断,以及过载、短路保护。接触器用于频繁开断电路,常用于电动机控制。电度表用于电能计量。继电保护装置用于检测系统故障并快速切断故障部分。这些设备的选择和配置直接影响配电系统的性能。在设计时需要综合考虑负荷特性、环境条件、经济因素等。

配电系统的设计需要遵循安全可靠性、经济合理性、灵活适应性、节能环保和维护方便性等原则。安全可靠性原则确保供电安全和可靠性。经济合理性原则要求在满足技术要求的前提下，追求投资和运行成本的最优化；灵活适应性原则考虑负荷发展和系统扩展的需求；节能环保原则要求采用高效节能的设备和运行方式，减少能源损耗和环境影响；维护方便性原则要求系统布局和设备选择便于日常运行维护；在实际设计中，需要根据建筑的具体情况，如建筑类型、规模、用电特性等，合理应用这些原则，制定最适合的配电系统方案。

二、电缆与布线系统的配置

电缆与布线系统是建筑电气系统的"血管"，负责将电能从配电设备输送到各个用电设备。合理的电缆与布线系统配置对于确保供电可靠性、提高能源效率和保障用电安全至关重要。电缆是电力传输的主要载体，根据使用场合和要求，建筑中常用的电缆主要包括电力电缆、控制电缆、通信电缆和特种电缆。

电力电缆用于输送大功率电能，如从变电站到配电室的主干线路。常见的有铜芯和铝芯两种，绝缘材料包括交联聚乙烯（XLPE）、聚氯乙烯（PVC）等。控制电缆用于传输控制信号，如消防控制、楼宇自动化系统等。通信电缆用于传输数据和语音信号，如电话线、网线等。特种电缆用于特殊场合，如耐火电缆、阻燃电缆等。

电缆的选择需要考虑多个因素，包括电压等级、载流量、敷设方式、环境条件、电磁兼容性和防火要求等。电压等级要根据系统电压选择相应绝缘等级的电缆。载流量的考虑要根据负荷电流选择合适截面的导体。敷设方式的不同（如管内穿线、桥架敷设等）对电缆的要求也不同。环境条件包括温度、湿度、腐蚀性等因素。在一些特殊场合需要考虑电缆的电磁兼容性和屏蔽性能。防火要求则是需要根据建筑消防规范选择相应的阻燃或耐火电缆。

布线系统的设计与配置直接影响电气系统的性能和可靠性。主要包括线路布置、敷设方式、接地系统和防雷与电涌保护等方面。线路布置需要考虑负荷分布，使线路尽可能短，减少线路损耗。同时，强电与弱电线路应分开布置，避免相互干扰。还需要考虑未来扩展的需求，预留适当的余量。

敷设方式主要包括明敷、暗敷和埋地三种。明敷如桥架、槽盒等，适用于工业建筑或设备机房。暗敷如管内布线，适用于民用建筑，美观性好。埋地适用于室外线路或有特殊要求的场合。接地系统的选择包括 TN 系统、TT 系统和 IT 系统，需要根据建筑类型、用电特性、安全要求等因素进行选择。

布线系统涉及多种材料和组件，主要包括导线和电缆、线槽和桥架、管材、接线盒和开关盒、接地装置以及标识系统等。导线和电缆包括铜芯和铝芯导线，各种类型的电缆。线槽和桥架用于明敷线路，材质分为金属和非金属。管材包括钢管、PVC 管等，用于暗敷线路。接线盒和开关盒用于线路连接和设备安装。接地装置包括接地极、接地线等。标识系统用于线路和设备的标识，便于管理和维护。这些材料和组件的选择需要综合考虑性能、成本、安装便利性等因素。

通过科学的设计、合理的配置和规范的施工，可以构建一个安全、可靠、高效的电缆与布线系统，为建筑电气系统的正常运行奠定坚实的基础。这不仅能够满足建筑的当前用电需求，还能为未来的扩展和升级预留空间，从而提高建筑电气系统的整体性能和适应性。

三、照明与动力系统的配置

照明与动力系统是建筑电气系统中直接服务于建筑使用者的部分，其配置直接影响建筑的功能实现和使用体验。合理的照明与动力系统配置不仅能够满足建筑使用需求，还能实现节能环保的目标。照明系统的设计需要综合考虑功能需求、视觉舒适度、能源效率等多个因素。

照明方案设计是照明系统配置的首要任务。需要根据建筑功能和空间特性，选择适当的照明方式，如直接照明、间接照明、混合照明等。同时，要确定照度标准，不同功能区域的照度要求不同，如办公区、走廊、停车场等。此外，还需要考虑眩光控制，避免直接或反射眩光对使用者带来不适，并注意照明均匀度，确保照明效果的一致性。

光源选择是照明系统设计的关键环节。需要根据显色性、色温、寿命、能效等指标选择合适的光源。常用光源包括 LED、荧光灯、金属卤化物灯等，其中 LED 因高效节能、寿命长等优点正逐渐成为主流。不同的应用场景可能需要不同类型的光源。例如，对显色性要求高的场所可能更适合使用高显色性的 LED 或金属卤化物灯。

灯具选择同样重要，需要根据空间特性和照明要求选择适当的灯具，如吸顶灯、筒灯、射灯等。灯具的选择需要考虑其光学性能、安装方式、维护便利性等因素。例如，在高大空间可能需要选择高效的高天棚灯，而在办公区域可能更适合使用格栅灯盘或平板灯。

控制系统设计是实现智能照明和节能的关键。采用智能控制系统，如时间控制、光感控制、人体感应控制等，可以显著提高能源利用效率。在大型建筑中，可采用集中控制系统，实现照明的集中管理和调节。例如，可以根据自然光照度自动调节人工照明的亮度，或根据建筑使用时间表自动开关照明。

应急照明设计是确保建筑安全的重要组成部分。需要按照消防规范设置应急照明和疏散指示系统。选择合适的应急电源，如集中电源或分散电源，并确保在正常供电中断时能够及时切换到应急供电。应急照明系统的设计需要考虑照度要求、持续时间、自动控制等因素。

动力系统主要为建筑中的各种用电设备提供电力。动力系统的设计与配置首先需要进行详细的负荷分析。这包括统计建筑中各类用电设备的功率和用电特性，计算最大需量，确定变压器容量和主干线截面，以及分析负荷的时间分布特性，为负荷管理提供依据。准确的负荷分析是设计合理的动力系统的基础，它能够确保系统容量满足需求，同时避免过度设计导致的浪费。

供电系统设计是动力系统配置的核心。需要根据负荷等级确定供电回路，如一级负荷、二级负荷等。一级负荷通常要求双电源供电，以确保供电可靠性。设计主干线和分支线路时，需要确定导线截面和保护装置参数。这个过程中需要考虑电压降，确保末端用电设备的电压质量。合理的供电系统设计能够保证电力的可靠供应，同时优化系统的经济性。

电动机控制中心（MCC）是大型建筑动力系统的重要组成部分。MCC集中了电动机的控制和保护装置，便于集中管理和维护。在设计MCC时，需要考虑电动机的启动方式、控制方式、保护方式等。例如，对于大功率电动机，可能需要采用软启动或变频启动方式，以减少启动电流对电网的冲击。

对于特殊用电设备，如医疗设备、计算机系统等，可能需要设置不间断电源（UPS）系统。UPS系统的设计需要考虑负荷特性、所需的后备时间、系统的可靠性等因素。UPS系统的配置能够为关键负荷提供持续、稳定的电源，保障重要设备的正常运行。

能源管理系统的设计是现代建筑动力系统的重要组成部分。通过安装智能电表、功率分析仪等设备，实时监测用电情况，并通过软件系统进行数据分析和管理。能源管理系统可以帮助建筑管理者了解用电模式，发现节能潜力，优化用电策略，从而实现节能减排的目标。

合理配置照明与动力系统，可以为建筑使用者提供舒适、高效的用电环境，同时实现节能环保的目标。这不仅能够提高建筑的使用价值，还能降低运营成本，提升建筑的整体性能。

第四节　供配电技术的应用现状

伴随着时代发展与科技的进步，我国的经济也加快了发展步伐。为了满足国内人们的日常生活需求，国家开始重点寻找新型能源以供人们使用。电力就是一种使用非常广泛的能源。为了方便人们的日常使用，国家研究出了电力供配电系统。如今，我国的电力配电系统正在向着安全且智能化的方向发展。电力供配电这一工作流程较为烦琐，需要消耗的人力较大，若是能够实现电力供配电系统的自动化，将会为电力企业节省大量人力成本和物力成本。同时，发展电力供配电系统自动化控制也是国之所需，电力负荷增加会给工作者带来安全风险，所以为了保障人员安全，应当尽可能地发展自动化技术。

一、电力供配电系统自动化控制的发展现状

时至今日，将电力供配电系统自动化为人们提供生活便利是众望所归，同时也可以满足我国科技化发展的需求，这属于大数据时代新兴科技的优势。通常而言，电力供配电系统的运行程序都较为复杂，其工作原理及内部构造也十分复杂。为了确保供电设备正常运行，电力相关部门都会设置有效的隔离问题部位，确保其稳定供电。我国也在努力为供电事业研究新的方案，但是在实践中，依然存在很多影响其发展的问题。

首先是在设备正处于正常运行状态时，工作人员发现自动化控制系统没办法稳定对配电系统进行监控，这一问题的发生主要是因为配电室内有一定的电磁，会影响监控的运行，这就导致如果电力供配电系统出现故障，工作人员将无法马上做出反应。其次是我国目前的电力相关企业还没能设立一个统一且完善的配电系统，自动控制系统尚不完善，需要技术人员频繁地对其进行更新维护，这无形中增加了工作量，有悖于自动化系统开发意义。最后是频繁更新维护的问题。经常对供配电系统进行维护很容易影响其正常工作，因为在进行更新维护的时需要将设备拆卸下来，这就会增加机械问题出现的概率。虽然供配电系统的使用与本身质量都不完善，但是人们在努力对其进行修正优化。在技术人员的不懈努力下，电力部门发明了新型的供电自动化运转功能，科学人员对以往的监控功能进行了改进，为监控功能设置了屏蔽网，抵抗电流运行带来的干扰，稳定控制系统的远程监控能力，有效地改变了以往监控系统存在的问题，并且可以满足多种地区的人们使用需求。除此之外，随着电力企业增多，人们对电力的要求也逐渐增加，国家非常重视人们用电的需求，给予了资金以及技术支持，帮助电力企业进行电力供配电系统的改革。如今，我国的供电系统的安全性与稳定性都得到了一定的保障。

二、电力供配电系统自动化控制的运行原理

如今，我国电力供配电系统的自动化控制是由用户、馈线、变电站以及

管理组成的。由于科技的进步，为了保证其功能多样性以及稳定性，我国电力供配电系统的结构越来越复杂，尤其是电线线路，繁杂而凌乱。自动化技术可以使用户不必因为这些线路而头疼，帮助用户和相关企业更好地提升供配电的效率。自动化控制中的运行原理通常是从变电站方面进行分析，利用计算机或是相关装置进行用户的需求信息收集，将这些信息进行数字化处理后，计算机再传递给人工。这一信息处理方案就可以有效地降低人工工作量，帮助电力相关企业节省人力资源。除此之外，还可以进一步提升变电站的操作精确度。我国的科技在发展，供配电系统也逐渐复杂，如果能够积极采用自动化技术进行电力供配，就可以有效地提升电力相关企业的工作效率。

三、电力供配电系统自动化控制的发展趋势

1. 加强对电力供配电系统的使用管理

供配电系统自动化为电力系统的安全运行提供了有力支持，让电力系统可以更好地为居民服务。首先是需要建立一个容量足够大的信息共享云端，电力供配电系统的设计人员可以将自己对于系统自动化的革新方案与思想上传至云端与他人共享，并进行交流，共同提升电力供配电系统的自动化水平。其次是需要电力相关企业对本企业的计算及智能化程序进行升级，合理利用科技力量，提升供配电系统处理数据的速度，提高其工作效率；还可以进一步提升供配电系统的储存量。此外，除了硬件设备，电力相关企业还应当重点研究计算机的软件设备，进一步提升自身对于信息的处理能力。

2. 积极探索供配电系统自动化的远程操作模式

由于电力供配自动化系统的重点在于自动化，电力企业需要积极寻求计算机技术的支持，以提高自身自动处理信息的能力。随着时间的推移，越来越多的城市配备了电力供配电系统，用户人数越多，就越考验电力供配电系统的信息处理能力，为了提高自身的运行速度，需要电力企业不断探索创新自动化技术，以满足人们日益增多的需求，其中，创新自动化技术满足远程监控的需求，无疑能为电力供配电系统的日常使用提供帮助，这一功能的实现，使电力企业可以远程监控电力系统的工作运行，提高企业对供配电系统

的掌控力，让电力供配电系统更加适应人们的居住环境。

3. 提升供配电系统自动化的安全性

除了对电力供配电系统进行改革，在电力系统的自动化工程中人们还关注安全问题。自动化技术的安全性关系着人们日常生活和生命财产安全。电力相关企业也应当重点考虑这一问题。积极寻找进一步提升供配电系统自动化技术安全性的方法，比如说通过新时代的电子信息技术加强对自动化技术的监控，快速查找安全隐患，保证其稳定性，让技术人员对自动化设备进行定期维护，确保将故障与隐患掐灭在萌芽中。此外还需要针对性地制定智能化控制方案，采用工作电源与备用电源自投自切模式，不仅应考虑变压器的容量以及发电机的容量，还需要预留自动投入时的正常工作负荷容量。

综上所述，在电力供配电系统中进行自动化技术改革是我国电力行业未来发展的核心之一，这不仅能有效降低人工工作量，还能够保障电力供配电的稳定性，保证人们的用电安全。随着社会经济的进一步发展，电力供配电系统的复杂性将会越来越高，人工将无法胜任高强度的工作，交给自动化技术是最好的做法。为了有效提升供配电系统的效率，节约人力成本消耗，电力相关部门应加快供配电系统自动化进程，保障配电网络安全可靠运行。

第二章　供配电系统的基础理论

第一节　电力系统的结构与功能

一、电力系统的组成结构

电力系统是一个复杂的工程体系，其结构涵盖了从发电到用电的全过程。包括发电、输电、变电、配电和用电五个环节。这些环节通过各种电气设备和控制系统紧密相连，形成了一个统一的、高度协调的整体。

1. 发电系统

发电系统是电力系统的源头，负责将各种一次能源转换为电能。根据能源类型，发电厂可分为火力发电厂、水力发电厂、核电厂、风力发电厂和太阳能发电厂等。每种类型的发电厂都有其技术特点和运行特性。

火力发电厂通常采用汽轮发电机组，将化石燃料的热能转换为机械能，再转换为电能。水力发电厂利用水的势能或动能驱动水轮机发电。核电厂则利用核裂变反应释放的热能产生蒸汽，驱动汽轮发电机组。风力发电和太阳能发电则是直接将风能和太阳辐射能转换为电能。

发电厂通常配备大型同步发电机组，其额定电压一般为 10kV 至 26.5kV。为了便于远距离输送，发电厂内部设有升压变电站，将发电机组产生的电能升至高压或超高压。

2. 输电系统

输电系统是连接发电厂和负荷中心的"桥梁"，其主要任务是将大容量电能从发电中心输送到负荷中心。输电系统由各种电压等级的输电线路和变电站组成，是电力传输的骨干网络。

输电线路按电压等级可分为高压、超高压和特高压输电线路。高压输电线路的电压等级通常为110kV和220kV，超高压输电线路为330kV、500kV和750kV，特高压输电线路为1000kV及以上。电压等级越高，输电容量越大，输电损耗越低，但建设成本也越高。

输电系统中的变电站承担着电压转换、电力分配和系统控制的功能。根据电压等级和功能，变电站可分为升压站、降压站和枢纽站。升压站将发电厂的电压升高以便输送，降压站将高压电降低到适合地区配电网使用的电压，枢纽站则连接多条不同电压等级的线路，起到电力调度和分配的作用。

3. 变电系统

变电系统是电力系统中的关键节点，其主要功能是进行电压转换和电力分配。变电站包含了变压器、断路器、隔离开关、互感器、避雷器等多种设备。这些设备协同工作，实现电压的转换和电力的分配，同时还承担着系统保护、监测和控制的任务。

变压器是变电站的核心设备，用于改变交流电的电压。根据功能可分为升压变压器、降压变压器和联络变压器。断路器用于切断或接通电路，是变电站的重要控制和保护设备。隔离开关用于在断开电路后形成明显的断开点，保证设备检修的安全性。互感器用于测量电压和电流，为继电保护和计量系统提供信息。避雷器则用于保护设备免受雷电和操作过电压的危害。

现代变电站还配备了复杂的监控和保护系统。这些系统负责实时监测变电站的运行状态，及时发现并处理各种异常情况，确保变电站的安全稳定运行。随着技术的发展，智能变电站正在逐步推广，数字化、网络化技术的使用提高了变电站的自动化水平和运行效率。

4. 配电系统

配电系统是电力系统的"末梢"，负责将电能从变电站分配到各类用户。

配电系统由中压配电网、配电变压器和低压配电网组成。中压配电网的电压等级通常为 10kV 或 35kV，低压配电网的电压等级为 380V/220V。

配电网络的结构形式多样，常见的有放射式、环形式和网络式等。放射式结构简单、投资少，但可靠性较低；环形式结构可靠性较高，但造价较高；网络式结构可靠性最高，但控制复杂，主要用于负荷密度大的城市中心区域。

配电变压器是配电系统的重要设备，将中压电能转换为低压电能供用户使用。根据安装位置，配电变压器可分为杆上变压器和箱式变压器。配电系统还包括各种开关设备、电缆和架空线等，这些设备是将电能输送到用户的"最后一公里"。

5. 用电系统

用电系统是电力系统的终端，包括各类用户的用电设备和线路。根据用电特性，用户可分为工业用户、商业用户、居民用户和农业用户等。不同类型的用户有不同的用电特性和需求，这直接影响到配电系统的设计和运行。

用电系统通常包括用户变压器、配电箱、各种用电设备和线路等。大型工业用户可能有自己的变电所，直接从中压配电网接入；而普通居民用户则通过低压配电网接入。

随着技术的发展，用电系统正在经历智能化转型。智能电表、家庭能源管理系统等新技术的应用，使用户可以更加精细地管理自身的用电行为，同时也为需求侧响应等新型电力服务创造了条件。

总的来说，电力系统的各个环节紧密相连，共同构成了一个复杂的整体。每个环节都有其特定的功能和技术特点，同时又相互影响、相互制约。理解电力系统的整体结构，对于深入研究供配电技术具有重要意义。

二、配电网与用户终端的关系

配电网是连接输电系统和用户终端的重要纽带，其设计和运行直接影响着电能质量和供电可靠性。配电网与用户终端之间存在着密切的关系，这种关系体现在电能传输、电能质量、负荷特性、安全性等多个方面。

1. 电能传输与分配

配电网的主要功能是将电能从变电站传输并分配给各类用户。这一过程涉及电压的逐级降低和电流的分配。中压配电网（通常为 10kV 或 35kV）将电能从变电站输送到配电变压器，配电变压器将电压降低到低压等级（380V/220V），然后通过低压配电网将电能输送到用户终端。

配电网的结构和参数直接影响到用户获得的电能质量。例如，线路的阻抗会导致电压沿线路下降，如果电压降落过大，可能会影响用户设备的正常工作。因此，在配电网设计时需要充分考虑用户的分布和用电需求，合理选择线路截面和变压器容量，确保端到端的供电质量。

2. 电能质量相互影响

配电网与用户终端在电能质量方面存在双向影响。一方面，配电网的运行状况直接影响用户获得的电能质量。例如，配电网中的电压波动、谐波污染、三相不平衡等问题都会传导到用户端，影响用户设备的正常运行。另一方面，用户的用电行为也会对配电网的电能质量产生影响。某些用户设备，如大型电动机、电弧炉、整流设备等，在启动或运行过程中可能产生电压波动、谐波电流等，这些电能质量问题可能通过配电网传播，影响其他用户。因此，配电网的设计和运行需要考虑用户设备的特性，采取必要的电能质量治理措施。

3. 负荷特性与网络规划

用户终端的负荷特性直接影响配电网的规划和运行。不同类型的用户（如工业、商业、居民）具有不同的用电特性，包括负荷曲线、功率因数、谐波含量等。这些特性决定了配电网的负荷水平、峰谷差、损耗等关键参数。

在配电网规划阶段，需要对用户的负荷特性进行详细分析和预测。这包括负荷密度分布、负荷增长趋势、典型日负荷曲线等。基于这些分析，可以合理确定配电网的结构形式、变压器容量、线路参数等。同时，用户负荷特性的变化也是配电网改造和升级的重要依据。

4. 安全性和可靠性保障

配电网与用户终端的安全性和可靠性是相互关联的。配电网的可靠运行是保障用户安全用电的基础。配电网通过各种保护装置（如过电流保护、短路保护、接地保护等）来防止故障扩大，保护用户设备免受损害。同时，配电网的自动化和智能化技术（如故障定位与隔离、自动重合闸等）可以迅速隔离故障，恢复供电，提高供电可靠性。

用户终端的安全用电也是保障配电网安全运行的重要方面。用户侧的电气火灾、漏电等安全问题可能危及配电网的安全。因此，配电系统设计时需要考虑用户侧的安全保护措施，如要求用户安装漏电保护器、电能表箱等。同时，配电公司也需要加强用户的安全用电宣传和指导。

三、电力传输与配电的功能

电力传输与配电是电力系统中的关键环节，其主要功能是实现电能的空间转移和分配。这个过程不仅涉及电能的物理传输，还包括电压转换、功率控制、系统保护等多个方面。深入理解电力传输与配电的功能，对于优化电力系统设计、提高运行效率和可靠性具有重要意义。

1. 电能的空间转移

电力传输的首要功能是实现电能的空间转移，即将电能从发电中心输送到负荷中心。这一功能主要通过高压和超高压输电线路来完成。高压输电具有传输损耗低、输送容量大的特点，能够实现电能的远距离、大容量输送。

输电系统的设计需要考虑多个因素，包括输送距离、输送容量、经济性等。随着输电距离的增加，线路损耗和电压降落也会增加。因此，在长距离输电中，通常采用更高的电压等级。例如，对于500km以上的输电距离，可能会采用500kV或更高电压等级的输电线路。

输电线路的类型包括架空线路和电缆线路。架空线路造价较低，散热性能好，但占地面积大，受环境影响较大。电缆线路则具有占地面积小、不易受环境影响等优点，但造价高，散热性能较差。在实际应用中，需要根据具体情况选择合适的线路类型。

2. 电能质量控制

电力传输与配电系统还承担着电能质量控制的重要功能。在电能传输和分配过程中，需要通过各种技术手段维持电压的稳定性，控制频率波动，减少谐波干扰，确保向用户提供高质量的电能。

电压稳定性控制是电能质量控制的重要方面。在长距离输电线路中，线路阻抗，会导致线路末端电压降低。为了解决这个问题，可以采用无功补偿、调压变压器、柔性交流输电系统（FACTS）等技术。这些技术能够有效调节线路电压，确保用户端电压质量。

频率控制主要通过发电侧的调频来实现。在大电网中，频率的变化反映了有功功率的平衡状况。当负荷增加时，系统频率会下降；反之，频率会上升。通过调整发电机组的出力，可以维持系统频率的稳定。

谐波控制是电能质量控制的另一个重要方面。谐波主要由非线性负荷（如整流器、变频器等）产生，会导致设备发热、损耗增加、保护误动作等问题。谐波控制的措施包括源头控制、无源滤波和有源滤波等。

3. 系统保护与控制

电力传输与配电系统还具有系统保护和控制的功能。通过配置各种保护装置和控制系统，能够快速检测和隔离故障，防止故障扩大和连锁反应，维护电力系统的安全稳定运行。

系统保护的主要类型包括过电流保护、距离保护、差动保护、母线保护和变压器保护等。这些保护装置能够在故障发生时快速动作，切除故障设备，最大限度地缩小故障影响范围。

控制系统的功能包括电压控制、功率控制、频率控制和自动重合闸等。这些控制功能能够实时调节系统运行参数，维持系统的稳定运行，并在故障后快速恢复供电。

电力传输与配电系统的功能是多方面的，不仅包括基本的电能传输和分配，还涉及电能质量控制、系统保护、智能化运行等多个方面。随着技术的不断进步，电力传输与配电系统的功能将更加丰富和完善，为电力系统的安全、高效、可靠运行提供有力保障。

四、电力负荷与需求管理

电力负荷是指用户在某一时刻或某一时段内消耗的电功率，它是电力系统规划和运行的重要基础。电力负荷具有随机性、波动性和周期性的特点，这给电力系统的运行和管理带来了挑战。需求管理则是通过各种技术和经济手段，引导用户合理用电，优化负荷曲线的一种管理方式。深入理解电力负荷特性和需求管理策略，对于提高电力系统的经济性和可靠性具有重要意义。

1. 电力负荷特性分析

电力负荷的特性分析是电力系统规划和运行的基础。主要包括时间分布特性、空间分布特性、用户类型特性和电气特性等方面。

时间分布特性反映了负荷随时间的变化规律，包括日负荷曲线、周负荷曲线和年负荷曲线。日负荷曲线通常呈现"双峰"特性，即早晚各有一个高峰。周负荷曲线反映了工作日和周末的负荷差异。年负荷曲线则反映了负荷的季节性变化，如夏季空调负荷、冬季采暖负荷等。

空间分布特性反映了负荷在地理空间上的分布情况。负荷密度是一个重要指标，表示单位面积内的用电负荷。通常，城市中心区负荷密度高，郊区负荷密度低。了解负荷的空间分布特性对配电网的规划和设计具有重要指导意义。

用户类型特性反映了不同类型用户的用电特点。工业负荷通常用电量大，负荷率高，但可能存在冲击负荷。商业负荷与营业时间相关，通常白天高晚上低。居民负荷早晚高峰明显，受生活习惯影响大。农业负荷则具有明显的季节性特征。

电气特性包括有功功率、无功功率和功率因数等。有功功率决定了发电量需求，无功功率影响电压质量和线路损耗，功率因数则反映了电能利用效率。

2. 负荷预测方法

负荷预测是电力系统规划和运行的重要依据。根据预测时间尺度，可分为短期、中期和长期预测。

短期负荷预测（1天至1周）主要用于系统的日常调度和运行安排。常用的预测方法包括时间序列分析、人工神经网络、支持向量机等。在进行短期负荷预测时，需要考虑历史负荷数据、天气因素、节假日影响等。

中期负荷预测（1个月至1年）用于月度和年度发电计划、检修安排等。常用的预测方法包括回归分析、指数平滑法、灰色预测等。中期负荷预测需要考虑季节变化、经济增长、重大事件影响等因素。

长期负荷预测（1年以上）主要用于电力系统规划、发电厂和输变电工程建设决策。常用的预测方法包括趋势外推法、弹性系数法、负荷密度法等。长期负荷预测需要考虑人口增长、经济发展规划、产业结构调整、技术进步等多方面因素。

3. 需求管理策略

需求管理的主要目标是削峰填谷，提高电力系统的负荷率，从而提高设备利用率，降低系统运行成本。常用的需求管理策略包括分时电价、可中断负荷、需求侧响应、节能改造、负荷管理自动化和分布式发电与储能等。

分时电价是根据不同时段的供需情况制定不同的电价，引导用户将部分用电需求从高峰时段转移到低谷时段。通常分为峰、平、谷三个时段，峰时段电价最高，谷时段最低。

可中断负荷是指在系统紧急情况下，可以按照预先约定的条件暂时中断供电的负荷。这种策略通常针对大工业用户，可以获得电价优惠，有助于提高系统的应急能力，避免大面积停电。

需求侧响应是通过价格信号或其他激励机制，鼓励用户主动调整用电行为，参与电力系统的平衡。这需要先进测量基础设施（AMI）的支持，使用户能够实时了解电价信号和自身用电情况。

分布式发电与储能的应用为需求管理提供了新的手段。用户可以通过安装分布式发电设备（如屋顶光伏）参与能源生产，通过储能系统平滑负荷曲线，实现削峰填谷。

4. 需求管理的实施与效果评估

需求管理的实施是一个系统工程，需要电力公司、用户、政府等多方的参与。实施过程包括负荷特性分析、方案设计、用户沟通、技术支持、激励机制设计等多个步骤。

在实施需求管理时，首先需要深入分析用户的用电特性，识别可调节负荷。然后根据负荷特性和系统需求，设计合适的需求管理方案。方案设计后，需要向用户宣传需求管理的意义，解释具体措施的操作方法。同时，还需要为用户提供必要的技术支持，如安装智能电表、需求响应控制器等。

设计合理的激励机制是需求管理成功实施的关键。这可能包括电价优惠、补贴等措施，目的是调动用户参与的积极性。激励机制的设计需要考虑用户的成本收益，确保参与需求管理对用户来说是经济可行的。

需求管理的效果评估是一个持续的过程。主要评估指标包括负荷率提升、经济效益、环境效益和用户满意度等。负荷率提升反映了峰谷差的减少程度。经济效益包括节约的发电成本、延缓电网建设投资等。环境效益主要体现在减少的碳排放量上。用户满意度则反映了用户对需求管理措施的接受程度。

基于评估结果，需要不断优化需求管理策略和实施方案。这是一个迭代的过程，通过不断的实践和改进，可以逐步提高需求管理的效果。

总之，电力负荷与需求管理是电力系统运行和规划的重要内容。通过深入分析负荷特性，准确预测负荷变化，实施有效的需求管理策略，可以显著提高电力系统的经济性和可靠性。随着智能电网技术的发展，需求管理将更加精细化和智能化，为电力系统的高效运行提供有力支撑。

第二节　供配电系统的运行机制

供配电系统的运行机制是电力系统基础理论中的核心内容，它涵盖了电能传输、负荷分配、电压调节、频率控制以及能效优化等多个方面。深入理解供配电系统的运行机制，对于保障电力系统的安全、稳定、经济运行具有重要意义。本节将从供配电的电能传输过程、系统中负荷分配的基本原理、电压与频率控制以及系统运行中的能效优化四个方面详细阐述供配电系统的运行机制。

一、供配电的电能传输过程

电能传输是供配电系统的基本功能，涉及从发电厂到用户终端的整个电能流动过程。这个过程可以分为发电、输电、变电、配电和用户用电五个阶段。每个阶段都有其特定的功能和技术特点，共同构成了完整的电能传输系统。

1. 发电阶段

发电是电能传输的起点，在这个阶段，各种一次能源被转换为电能。发电过程涉及多种技术，根据能源类型可分为火力发电、水力发电、核能发电、风力发电和太阳能发电等。不同类型的发电方式有其特定的技术特点和运行特性。

火力发电是目前最主要的发电方式，它通过燃烧化石燃料产生热能，驱动汽轮机旋转，带动发电机发电。火力发电的优点是稳定性高、可控性强，但面临环境污染和资源耗竭的挑战。

水力发电利用水的势能或动能驱动水轮机发电，具有清洁、可再生的特点，但受地理条件和气候影响较大。核能发电利用核裂变反应释放的热能产生蒸汽，驱动汽轮机发电，具有高效、清洁的优点，但存在安全风险。

风力发电和太阳能发电作为新兴的可再生能源发电技术，近年来发展迅速。这些技术具有清洁、可再生的优点，但输出功率不稳定，需要配套储能系统或其他调节手段。

发电机组产生的电能通常为三相交流电，电压等级一般在 $10 \sim 30kV$。由于这个电压等级相对较低，不利于远距离输送，所以在发电厂内部通常设有升压变电站，将发电机组的输出电压提升到较高的电压等级（如 220kV、500kV 等），以便于长距离输送。

2. 输电阶段

输电是将大容量电能从发电中心输送到负荷中心的过程。输电系统是电力系统的骨干网络，承担着大容量、远距离的电能输送任务。输电系统通常采用高压或超高压，以减少输电损耗，提高输电效率。

输电电压等级的选择是一个重要的技术经济问题。随着输电距离的增加，线路损耗和电压降落也会增加。因此，对于长距离输电，需要采用更高的电压等级。常见的输电电压等级包括 110kV、220kV、500kV 等，对于特长距离输电，甚至采用 800kV 或 1000kV 的特高压输电。

输电线路可以分为架空线路和电缆线路两种类型。架空线路是最常见的输电方式，具有造价低、散热好、易于维修等优点，但占地面积大，易受外界环境影响。电缆线路主要用于城市地区或特殊地理环境，具有占地少、美观、不易受外界影响等优点，但造价高、散热差、故障定位困难。

在实际应用中，输电线路的选择需要综合考虑技术、经济、环境等多方面因素。对于远距离大容量输电，通常采用架空线路；而在城市中心区域或地理条件复杂的地区，则可能选择电缆线路。

3. 变电阶段

变电是电能传输过程中的关键环节，主要功能是进行电压的转换和电力的分配。变电站是实现这些功能的重要设施，它连接了不同电压等级的电网，在电力系统中起到枢纽作用。

根据功能，变电站可以分为以下几类。

（1）升压变电站：位于发电厂附近，将发电机组的输出电压提升到输电电压。

（2）降压变电站：位于负荷中心附近，将输电电压降低到配电电压。

（3）配电变电站：将中压配电电压进一步降低到用户使用电压。

变电站的核心设备是变压器，它利用电磁感应原理实现不同电压之间的转换。除变压器外，变电站还配备断路器、隔离开关、互感器、避雷器等设备。这些设备共同构成了完整的变电系统，实现电压转换、电力分配、系统保护等功能。

现代变电站还配备了复杂的监控和保护系统。这些系统能够实时监测设备运行状态，快速检测和隔离故障，确保变电过程的安全性和可靠性。随着技术的发展，智能变电站正在逐步推广，数字化、网络化技术的使用提高了变电站的自动化水平和运行效率。

4. 配电阶段

配电是将电能从变电站分配到各类用户的过程。配电系统是连接输电系统和用户的纽带，直接关系到用户的供电质量和可靠性。配电系统通常分为中压配电网和低压配电网两个层次。

中压配电网的电压等级通常为 10kV 或 35kV，主要负责将电能从变电站输送到配电变压器。中压配电网的结构形式包括放射式、环网式和网络式等。放射式结构简单、投资低，但可靠性较差；环网式结构可靠性较高，但投资较大；网络式结构可靠性最高，但控制复杂，主要用于负荷密度大的城市中心区域。

低压配电网的电压等级为 380V/220V，负责将电能从配电变压器输送到终端用户。低压配电网通常采用三相四线制，可以同时为三相负荷和单相负荷供电。低压配电网的设计需要考虑负荷分布、供电半径、电压质量等多个因素。

配电自动化是近年来配电系统发展的重要方向。通过配电自动化系统，可以实现配电网的远程监控、故障定位与隔离、供电恢复等功能，大大提高了配电系统的运行效率和可靠性。

5. 用户用电阶段

用户用电是电能传输的最后环节，也是整个电力系统服务的终点。根据用电特性，用户可以分为工业用户、商业用户、居民用户等。不同类型的用户有不同的用电特点和要求，这直接影响到配电系统的设计和运行。

对于大型工业用户，由于用电量大、对供电可靠性要求高，可能会设置专用的配电变压器，直接从中压配电网接入。这种方式可以提高供电可靠性，同时也便于实施需求侧管理。

对于普通的商业和居民用户，则通常通过低压配电网接入。用户的供电设施通常包括进户线、电能计量装置、配电箱等。随着智能电网技术的发展，智能电表正在逐步推广，它不仅能够实现远程抄表，还具有用电信息分析、双向通信等功能。

在整个电能传输过程中，电能的流向是从发电厂到用户，但信息流是双向的。随着智能电网技术的发展，用户侧的用电信息可以实时反馈给电网运营商，这为实现精细化的电网管理和需求侧响应创造了条件。

总的来说，供配电的电能传输过程涉及多个环节和大量的技术设备，深入理解这个过程，对于优化电力系统设计、提高运行效率、保障供电可靠性具有重要意义。随着新能源、智能电网等新技术的发展，电能传输正在向着更加清洁、高效、智能的方向发展。

二、系统中负荷分配的基本原理

负荷分配是供配电系统运行中的核心问题之一，它直接关系到系统的经济性和可靠性。负荷分配的基本目标是在满足系统约束条件的前提下，合理分配各发电机组的出力，以最经济的方式满足负荷需求。理解负荷分配的基本原理，对于优化系统运行、提高经济效益具有重要意义。

1. 负荷分配的基本概念

负荷分配，也称为经济调度，是指在满足用户用电需求和系统运行约束的前提下，合理安排各发电机组的出力，使系统的总发电成本最小。负荷分配问题涉及多个方面，包括发电成本、传输损耗、系统约束等。

在实际的电力系统中，负荷是随时间变化的，因此负荷分配是一个动态的过程。通常，电力调度中心会根据负荷预测结果，提前制订发电计划，并在实际运行中根据负荷变化情况进行实时调整。

负荷分配遵循等增率原则，即在最优运行状态下，所有参与调度的机组的增量成本应该相等。增量成本是指发电机组增加单位出力所需的成本增加量。使各机组的增量成本相等，可以实现系统总成本最小。

2. 负荷分配的数学模型

负荷分配问题可以表述为一个优化问题，其目标函数通常是系统的总发电成本，约束条件包括功率平衡约束、发电机组出力限制、网络传输约束等。

基本的负荷分配数学模型可以表示为

最小化：
$$F = \sum F_i(P_i) \tag{2-1}$$

约束条件：
$$\sum P_i = PD + PL \tag{2-2}$$

$$P_{i\min} \leqslant P_i \leqslant P_{i\max}$$

式中，F 是系统总成本，$F_i(P_i)$ 是第 i 台发电机的成本函数，P_i 是第 i 台发电机的出力，PD 是系统负荷，PL 是系统损耗，P_{imin} 和 P_{imax} 分别是第 i 台发电机的最小和最大出力限制。

这个模型考虑了功率平衡约束和发电机组出力限制。在实际应用中，还需要考虑更多的约束条件，如网络传输约束、机组爬坡率限制、环境约束等。

3. 负荷分配的求解方法

负荷分配问题的求解方法随着计算机技术和优化理论的发展而不断进步。常用的求解方法如下。

（1）拉格朗日乘子法：这是一种经典的优化方法，适用于求解具有等式约束的优化问题。通过引入拉格朗日乘子，将约束优化问题转化为无约束问题，然后求解方程组得到最优解。

（2）梯度法：这是一种迭代优化算法，通过沿着目标函数的负梯度方向迭代，不断逼近最优解。梯度法计算简单，收敛速度较快，但可能陷入局部最优解。

（3）动态规划：这种方法将多阶段决策过程分解为一系列单阶段问题，逐步求解。动态规划方法适用于求解具有时序特征的负荷分配问题。

（4）智能优化算法：近年来，一些基于人工智能的优化算法被应用到负荷分配问题中，如遗传算法、粒子群优化算法、蚁群算法等。这些方法具有全局搜索能力，能够有效处理非线性、非凸的复杂优化问题。

在实际应用中，需要根据问题的特点和计算资源的情况，选择合适的求解方法。对于大规模电力系统的负荷分配问题，通常采用高效的数值算法和并行计算技术。

4. 考虑网络约束的负荷分配

在实际电力系统中，由于传输网络的存在，负荷分配问题变得更加复杂。考虑网络约束的负荷分配问题也称为最优潮流问题。

最优潮流问题需要同时考虑发电成本最小化和网络安全约束。主要的网络安全约束如下。

（1）节点功率平衡约束：每个节点的注入功率应等于流出功率。

（2）线路功率限制：每条输电线路的功率不能超过其额定容量。

（3）节点电压限制：每个节点的电压应保持在允许的范围内。

考虑这些约束后，负荷分配问题就变成了一个大规模的非线性优化问题。求解这类问题通常需要采用更复杂的算法，如牛顿法、内点法等。

此外，为配合新能源的大规模接入，需要加强电力系统的调节能力。这包括提高常规机组的调峰能力、发展抽水蓄能等灵活性资源、加强需求侧响应等措施。负荷分配是供配电系统运行中的核心问题，它涉及复杂的优化理论和先进的计算技术。随着电力系统的发展和新技术的应用，负荷分配方法也在不断进步，以适应新的需求和挑战。深入研究负荷分配问题，对于提高电力系统的经济性和可靠性具有重要意义。

三、电压调节与频率控制

电压调节和频率控制是供配电系统运行中的两个关键环节，它们直接关系到电能质量和系统稳定性。在电力系统中，电压和频率是两个重要的运行参数，需要通过各种技术手段保持在允许的范围内。深入理解电压调节和频率控制的原理和方法，对于保障供配电系统的安全稳定运行具有重要意义。

1. 电压调节的基本原理

电压调节的目的是使系统各节点的电压保持在允许的范围内，通常为额定电压的±5%或±7%。电压偏离额定值会导致各种问题，如设备效率降低、绝缘损坏、系统稳定性降低等。

电压调节的基本原理是通过调节系统的无功功率来实现的。在交流电力系统中，电压与无功功率关系紧密。一般来说，增加无功功率供给会导致电压上升，减少无功功率供给会导致电压下降。

电压调节的主要方法如下。

（1）发电机端电压调节：通过调节发电机的励磁电流来控制发电机端电压。

（2）变压器分接头调压：通过改变变压器的变比来调节次级电压。

（3）无功补偿：通过投切并联电容器或电抗器来调节系统的无功功率平衡。

（4）静止无功补偿器（SVC）：利用电力电子技术实现快速、连续的无功功率调节。

（5）柔性交流输电系统（FACTS）：利用先进的电力电子技术实现电压的灵活控制。

2. 频率控制的基本原理

频率控制的目的是使系统频率处于额定值附近，通常允许的偏差为$\pm0.2Hz$或$\pm0.5Hz$。频率是电力系统运行的一个重要指标，反映了系统有功功率的平衡状况。

频率控制的基本原理是通过调节系统的有功功率平衡来实现的。当负荷增加时，如果发电量不变，系统频率会下降；反之，当负荷减少时，系统频率会上升。因此，通过调节发电机组的出力，可以实现对系统频率的控制。

频率控制通常分为以下几个层次。

（1）一次调频：由发电机组的调速器自动完成，响应时间在几秒到几十秒。

（2）二次调频：由自动发电控制系统（AGC）完成，响应时间在几分钟。

（3）三次调频：通过人工干预或市场机制完成，响应时间在几十分钟。

3. 电压—无功控制策略

电压—无功控制是一个复杂的系统问题，需要综合考虑多个因素。常用的控制策略如下。

（1）分层分区控制：将电力系统划分为多个控制区，每个区域独立进行电压控制，同时考虑区域间的协调。

（2）协调控制：考虑系统中各种电压控制设备的特性和相互影响，进行统一协调控制。

（3）最优控制：通过建立优化模型，制定系统整体最优的电压控制方案。

在实际应用中，还需要考虑电压控制的动态特性。例如，在负荷快速变化或系统故障时，需要快速响应的电压控制手段，如静止无功补偿器（SVC）或静态同步补偿器（STATCOM）。

4. 频率—有功控制策略

频率—有功控制的目标是维持系统频率稳定，同时确保经济性和安全性。主要的控制策略如下。

（1）自动发电控制（AGC）：通过中央控制系统，根据系统频率和交换功率偏差，自动调节发电机组的出力。AGC 系统通常采用比例积分（PI）控制算法。

（2）经济调度：在满足系统频率要求的同时，优化各发电机组的出力分配，以达到最小化运行成本的目标。

（3）有功功率备用容量：将一定比例的发电容量作为备用，以应对负荷突增或机组故障。

（4）负荷频率控制：通过自动切除或恢复负荷来维持系统频率稳定。这种方法通常作为紧急措施使用。

总的来说，电压调节和频率控制是供配电系统运行中的关键问题。随着电力系统的发展和新技术的应用，电压和频率控制方法也在不断进步，以适应新的需求和挑战。深入研究这些问题，对于提高电力系统的稳定性和可靠性具有重要意义。

四、系统运行中的能效优化

能效优化是供配电系统运行中的一个重要目标，它不仅关系到系统的经济性，也与环境保护和可持续发展密切相关。在电力系统运行中，通过各种技术手段和管理措施，可以显著提高能源利用效率，减少损耗，实现经济和环境效益的双赢。深入研究系统运行中的能效优化方法，对于构建高效、清洁的现代电力系统具有重要意义。

1. 电力系统损耗分析

电力系统的损耗主要包括输电损耗、变电损耗和配电损耗。这些损耗不仅造成能源的浪费，还增加了系统的运行成本。因此，分析和减少系统损耗是能效优化的重要内容。

（1）输电损耗：主要包括线路的有功损耗和无功损耗。有功损耗与线路电流的平方成正比，与线路电阻成正比。无功损耗则与线路的电抗有关。

（2）变电损耗：主要包括变压器的铁损和铜损。铁损是恒定的，与变压器的励磁电流有关；铜损与负载电流的平方成正比。

（3）配电损耗：包括配电线路的损耗和配电变压器的损耗，其特点与输电和变电损耗类似，但由于电压等级较低，相对损耗率较高。

通过准确计算和分析系统各部分的损耗，可以找出系统中的薄弱环节和改进方向，为制定能效优化策略提供依据。

2. 线损管理与控制

线损率是衡量电力系统运行效率的重要指标。降低线损率是能效优化的一个重要方面。线损管理与控制的主要措施如下。

（1）优化网络结构：通过合理规划和改造电网结构，减少不必要的电力传输，降低线路损耗。

（2）提高输电电压：在技术和经济可行的情况下，提高输电电压可以有效降低线损。

（3）无功补偿：合理配置无功补偿装置，改善功率因数，减少无功电流引起的损耗。

（4）负荷均衡：通过调整负荷分布，使三相负荷尽量平衡，减少不平衡引起的额外损耗。

（5）导线截面优化：根据负荷情况，选择经济合理的导线截面，平衡投资成本和运行损耗。

（6）应用新技术：如使用低损耗变压器、应用高温超导技术等，可以显著降低线损。

3. 变压器能效优化

变压器是电力系统中的重要设备，其能效直接影响系统的整体效率。变压器能效优化的主要措施如下。

（1）选用高效变压器：在新建或改造项目中，选用符合能效标准的高效变压器。

（2）优化变压器容量：根据负荷情况，选择合适容量的变压器，避免长期轻载运行。

（3）并联运行优化：对于并联运行的变压器，根据负荷情况优化运行方式，如采用经济运行台数控制。

（4）降低空载损耗：通过改进变压器铁心材料和结构，降低空载损耗。

（5）负载管理：通过负载调度和转移，使变压器尽可能在高效率区间运行。

（6）温度控制：优化变压器冷却系统，控制运行温度，减少温度升高引起的额外损耗。

4. 电能质量优化

电能质量不仅影响用电设备的正常运行，也与系统的能效密切相关。电能质量优化的主要措施如下。

（1）谐波治理：通过安装滤波装置、采用主动滤波技术等方法，减少谐波引起的附加损耗。

（2）电压优化：通过电压调节装置，使系统电压保持在合理范围内，避免过高或过低电压引起的能耗增加。

（3）功率因数改善：通过无功补偿，提高功率因数，减少无功电流引起的损耗。

（4）三相不平衡治理：通过负荷均衡、平衡装置等，减少不平衡引起的额外损耗。

（5）电压暂降治理：采用动态电压恢复装置（DVR）等设备，减少电压暂降对设备效率的影响。

系统运行中的能效优化涉及技术、经济、管理等多个方面。综合采取各种优化措施，可以显著提高供配电系统的能效水平，实现经济和环境效益的双赢。随着新技术的发展和应用，能效优化的方法和手段也在不断进步，为构建高效、清洁的现代电力系统提供了有力支撑。在实际应用中，需要根据具体情况，综合考虑技术可行性、经济性和环境影响等因素，选择最适合的能效优化方案。同时，能效优化是一个持续的过程，需要建立长效机制，不断监测、评估和改进，以实现系统能效的持续提升。

第三节　电力系统的稳定性与可靠性

电力系统的稳定性与可靠性是保障现代社会正常运转的关键因素。随着电力需求的不断增长和电网结构的日益复杂，确保电力系统的稳定运行和可靠供电越发重要。本节将深入探讨电力系统的稳定性与可靠性，包括系统故障分析与稳定性评估以及影响系统稳定性的因素。

一、系统故障分析与稳定性评估

系统故障分析与稳定性评估是电力系统运行管理的核心内容，对于预防系统故障、提高系统稳定性具有重要意义。这一过程涉及多个方面，包括故障类型识别、故障影响分析、稳定性评估方法等。

1. 故障类型识别

电力系统中的故障可以分为多种类型，主要包括短路故障、开路故障、接地故障等。短路故障是最常见的故障类型，包括单相接地短路、两相短路、两相接地短路和三相短路。开路故障通常由线路断裂或开关误动作引起。接地故障则可能由绝缘损坏或外部因素导致。

故障类型的识别通常基于故障时的电气特征，如电压、电流、相角等参数的变化。现代电力系统中广泛应用的智能电网技术，如同步相量测量单元（PMU），可以实时提供高精度的电气参数测量，大大提高了故障识别的准确性和速度。

此外，人工智能技术在故障识别中的应用也日益广泛。例如，可以利用机器学习算法，基于历史故障数据训练模型，实现对新发生故障的快速、准确识别。

2. 故障影响分析

故障影响分析旨在评估故障对系统运行的影响程度和范围。这包括对故障点附近设备的直接影响，以及对整个系统的连锁反应。

故障影响分析通常采用仿真技术，通过建立系统的数学模型，模拟故障发生后系统的动态响应过程。常用的仿真工具包括电磁暂态仿真程序（EMTP）、电力系统分析软件包（PSASP）等。这些工具可以模拟各种故障情况下系统的电压、电流、功率等参数的变化，帮助分析人员评估故障的严重程度和影响范围。

在进行故障影响分析时，需要考虑系统的拓扑结构、负载特性、保护装置的动作特性等多个因素。此外，还需要考虑故障的持续时间、故障清除时间等动态因素，这些因素会直接影响系统的稳定性。

3. 稳定性评估方法

电力系统的稳定性评估主要包括静态稳定性评估和动态稳定性评估两个方面。

静态稳定性评估主要关注系统在小扰动下的稳定性，通常采用特征值分析、灵敏度分析等方法。特征值分析可以揭示系统的固有特性，如振荡模式和阻尼特性。灵敏度分析则可以评估系统参数变化对稳定性的影响。

动态稳定性评估主要关注系统在大扰动（如故障、负荷突变等）下的稳定性。常用的方法包括时域仿真、直接法等。时域仿真通过求解系统的微分方程组，得到系统在扰动后的动态响应过程。直接法，如等面积法、Lyapunov函数法等，可以在不求解微分方程的情况下直接判断系统的稳定性。

近年来，随着计算技术的发展，一些新的稳定性评估方法也得到了应用。例如，概率稳定性评估方法考虑了系统参数和运行条件的不确定性，可以给出系统稳定性的概率分布。智能算法如人工神经网络、支持向量机等，也被用于构建快速稳定性评估模型。

4. 在线稳定性评估

传统的稳定性评估通常是离线进行的，但随着电力系统运行条件的快速变化，在线稳定性评估变得越来越重要。在线稳定性评估要求能够实时处理大量的测量数据，并快速给出稳定性评估结果。

实现在线稳定性评估面临众多挑战，包括数据的实时性和准确性、计算速度、评估结果的可靠性等。为了解决这些问题，研究人员提出了多种方法。例如，模型简化技术可以降低计算复杂度，提高评估速度。并行计算技术可以充分利用计算资源，加快计算过程。人工智能技术，如深度学习，可以构建快速、准确的稳定性评估模型。

此外，基于广域测量系统（WAMS）的在线稳定性评估也得到了广泛应用。WAMS可以提供系统的实时、同步测量数据，为在线稳定性评估提供了坚实的数据基础。

5. 稳定性裕度评估

稳定性裕度评估旨在量化系统与不稳定状态之间的"距离"，是稳定性评估的重要内容。常用的稳定性裕度指标包括功角裕度、电压裕度、阻尼比等。

功角裕度反映系统在保持同步运行状态下可以承受的最大功角差。电压裕度表示系统在维持正常电压水平下可以承受的最大负载增加量。阻尼比则反映系统抑制振荡的能力。

稳定性裕度的评估通常基于系统的小信号模型或大信号模型。小信号模型适用于评估系统在正常运行状态附近的稳定性裕度，大信号模型则适用于评估系统在大扰动下的稳定性裕度。

通过系统故障分析与稳定性评估，可以全面了解电力系统的运行状态和潜在风险，为制定系统运行策略和改进措施提供重要依据。这对于提高系统的稳定性和可靠性具有重要意义。

二、影响系统稳定性的因素

电力系统的稳定性受多种因素的影响，这些因素可以分为内部因素和外部因素。深入理解这些影响因素，对于提高系统稳定性至关重要。

1. 系统结构因素

系统的拓扑结构直接影响其稳定性。复杂的网络结构可能增加系统的鲁棒性，但同时也可能引入新的不稳定因素。例如，环网结构虽然可以提高供电可靠性，但也可能导致功率振荡。此外，系统的电气距离也是影响稳定性的重要因素。电气距离过长可能导致功角不稳定，特别是在大功率传输时。

系统的容量配置也是影响稳定性的重要因素。发电容量与负载需求的匹配程度、传输线路的容量、变压器的容量等都会影响系统的稳定性。容量配置不合理可能导致局部过载或电压不稳定。

2. 设备特性因素

发电机的特性对系统稳定性有显著影响。发电机的惯性常数、调速器特性、励磁系统特性等都会影响系统的动态响应。例如，大惯性常数的发电机有利于维持系统的频率稳定，但可能降低系统的调节速度。

变压器的阻抗特性也会影响系统稳定性。变压器阻抗过低可能导致短路电流过大，而阻抗过高则可能影响电压稳定性。此外，有载调压变压器的动作特性也会影响系统的电压稳定性。

输电线路的特性，如阻抗、容抗等，也是影响系统稳定性的重要因素。长距离输电线路可能导致功角不稳定和电压不稳定。此外，线路的热容量限制也可能影响系统的稳定运行。

3. 负载特性因素

负载的特性对系统稳定性有重要影响。不同类型的负载（如恒功率负载、恒阻抗负载等）对系统扰动的响应不同，从而影响系统的稳定性。特别是电动机负载，由于其动态特性，可能在系统扰动后引起电压崩溃。

负载的动态变化也是影响系统稳定性的重要因素。负载的突变可能引起系统的频率波动和电压波动。此外，负载的谐波特性也可能影响系统的稳定性，特别是在谐波含量较高的工业负载中。

4. 控制系统因素

发电机的控制系统，包括调速系统和励磁系统，对系统稳定性有重要影响。控制系统参数设置不当可能导致系统振荡或不稳定。例如，励磁系统的高增益可能改善暂态稳定性，但可能降低小信号稳定性。

电力系统稳定器（PSS）是提高系统稳定性的重要装置。通过在发电机励磁系统中引入附加控制信号，PSS 可以有效抑制低频振荡。然而，PSS 的参数设置不当可能导致负面效果。

FACTS（柔性交流输电系统）设备的控制也会影响系统稳定性。FACTS设备可以灵活控制功率流向和电压水平，但其控制策略的设计需要考虑系统的整体稳定性。

5. 外部环境因素

外部环境因素也会影响系统的稳定性。例如，雷击可能导致线路短路，进而影响系统稳定性。极端气候条件，如高温、台风等，可能导致设备参数变化或故障，从而影响系统稳定性。

地理因素也会影响系统稳定性。例如，山地地形可能限制输电线路的布置，导致系统结构不合理。海拔高度的变化可能影响设备的散热性能，进而影响系统的稳定运行。

6. 新能源接入因素

随着新能源的大规模接入，电力系统的稳定性面临新的挑战。风电和光伏发电的间歇性和波动性可能导致系统的功率平衡问题，影响频率稳定性。此外，新能源发电通常通过电力电子装置接入电网，这改变了系统的惯性特性，可能影响系统的频率响应能力。

新能源的大规模接入也可能改变系统的潮流分布，影响电压稳定性。特别是在新能源集中接入的区域，可能出现局部电压过高或过低的问题。

7. 市场因素

电力市场化改革也可能影响系统的稳定性。例如，电力交易可能导致跨区域大功率传输，增加系统的不稳定风险。此外，市场机制可能影响发电机组的运行方式，进而影响系统的稳定性。

8. 信息和通信因素

现代电力系统越来越依赖于信息和通信技术。信息系统的故障或通信中断可能影响系统的监控，进而影响系统的稳定性。此外，网络安全问题也可能对系统稳定性构成威胁。

了解这些影响系统稳定性的因素，对于制定有效的稳定性控制策略至关重要。在系统规划和运行中，需要综合考虑这些因素，采取相应的措施来提高系统的稳定性。

第四节 电力系统的保护策略与控制逻辑

电力系统的保护策略与控制逻辑是确保供配电系统安全、可靠运行的关键。随着电力系统规模的不断扩大和复杂性的增加，保护和控制系统在维护电网稳定性、提高供电可靠性方面发挥着越来越重要的作用。本节将从电力系统保护装置的类型、过流过压保护策略以及电力系统故障后的恢复策略三个方面，详细阐述电力系统的保护与控制理论。

一、电力系统保护装置的类型

电力系统保护装置是检测系统故障并采取相应措施以隔离故障、保护设备的重要设施。根据保护原理和功能的不同，电力系统保护装置可分为多种类型。

1. 电流保护装置

电流保护装置是最基本和应用最广泛的保护装置类型，主要包括过电流保护和差动电流保护。

过电流保护基于电流幅值超过设定阈值时动作的原理。它可以分为定时限过电流保护和反时限过电流保护。定时限过电流保护在检测到故障后，经过固定的时间延迟后动作；而反时限过电流保护的动作时间与故障电流大小成反比，故障电流越大，动作时间越短。

差动电流保护基于比较保护区域两端或多端电流的差值来判断故障。它主要用于变压器、发电机、母线等重要设备的保护。差动保护具有灵敏度高、动作速度快的特点，但要求有可靠的通信通道。

2. 电压保护装置

电压保护装置主要用于检测系统电压异常，包括过电压保护和欠电压保护。

过电压保护在系统电压超过设定上限时动作，用于保护设备免受过高电压的损害。欠电压保护则在系统电压低于设定下限时动作，可用于防止电动机堵转或系统崩溃。

电压保护装置通常与时间延迟配合使用，以避免瞬时电压波动引起的误动作。在某些情况下，还会采用复压闭锁功能，即在电压恢复正常后自动解除保护动作。

3. 距离保护装置

距离保护装置是根据故障点阻抗来判断故障位置的保护装置。它通过测量故障点的电压和电流，计算故障点阻抗，并与预设的保护范围进行比较来判断是否动作。

距离保护通常分为多段，每段对应不同的保护范围和动作时间。例如，第一段保护覆盖线路全长的80%，动作时间最短；第二段保护覆盖全线路并延伸至相邻线路的一部分，动作时间略长；第三段作为后备保护，覆盖范围更大，动作时间最长。

距离保护具有选择性好、适应性强的特点，广泛应用于输电线路保护。但它也存在一定局限性，如受电弧电阻、并联补偿等因素的影响。

4. 综合保护装置

随着微处理器技术的发展，现代电力系统保护装置正向着综合化、智能化的方向发展。综合保护装置集成了多种保护功能，如过流保护、距离保护、差动保护等，可以根据系统运行状态自动选择最适合的保护方案。

综合保护装置具有功能强大、适应性好、可靠性高等优点。它不仅可以实现传统的保护功能，还具有故障录波、数据存储、远程通信等辅助功能，为系统运行分析和故障诊断提供重要支持。

5. 特殊保护装置

除了上述常见的保护装置，还有一些针对特定设备或特殊情况的保护装置。

例如，发电机保护装置包括失磁保护、反功率保护、定子绕组接地保护等；变压器保护装置包括瓦斯保护、温度保护等；母线保护装置通常采用高阻抗差动保护或低阻抗差动保护。

此外，还有一些系统级的保护装置，如失步保护、低电压解列装置等，用于防止大范围系统崩溃。

电力系统保护装置的类型多样，每种装置都有其特定的应用场景和技术特点。在实际应用中，需要根据系统特性和保护要求，合理选择和配置各种保护装置，构建完善的保护体系，以确保电力系统的安全稳定运行。

随着电力系统的发展和新技术的应用，保护装置也在不断升级和创新。例如，自适应保护、广域保护等新型保护理念的提出，为提高电力系统的保护性能提供了新的思路和方法。深入研究和应用这些新型保护技术，对于提高电力系统的安全性和可靠性具有重要意义。

二、过流、过压保护策略

过流和过压保护是电力系统中最基本和最常用的保护策略，它们在保障系统安全运行、防止设备损坏方面发挥着关键作用。这些保护策略的设计和实施需要综合考虑系统特性、设备参数和运行要求。

1. 过流保护策略

过流保护是基于电流幅值超过设定阈值时动作的保护方式。其主要目的是防止电流过大导致设备过热损坏或系统稳定性降低。过流保护策略主要包括以下几个方面。

（1）定时限过流保护：定时限过流保护在检测到故障后，经过固定的时间延迟后动作。这种保护方式简单可靠，但协调性较差。它通常用于放射状配电网或作为后备保护。定时限过流保护的整定原则是，保护电流定值应大于最大负荷电流，小于最小短路电流；时间定值应考虑与相邻保护的配合，遵循下级保护动作时间应小于上级保护动作时间的原则。

（2）反时限过流保护：反时限过流保护的动作时间与故障电流大小成反比，故障电流越大，动作时间越短。这种保护方式具有更好的选择性和速动性。反时限过流保护的特性曲线通常有极端反时限、非常反时限、一般反时限等多种类型。选择合适的特性曲线可以实现更好的保护协调。整定时需要考虑启动电流定值和时间乘数两个参数。

（3）方向性过流保护：在环网系统或双电源系统中，简单的过流保护可能无法区分故障方向。这时需要采用方向性过流保护，它通过比较电流和电压的相位关系来判断故障方向。方向性过流保护的整定需要考虑功率方向，通常采用90°接线方式或30°接线方式。整定时需要注意防止保护的死区。

（4）电流突变量保护：电流突变量保护是基于电流变化率的保护方式，它可以快速检测到故障，特别适用于检测远距离故障或高阻抗故障。电流突变量保护的整定需要考虑正常负荷变化和故障电流变化的特性，合理选择启动定值和复归定值。

2. 过压保护策略

过压保护用于防止系统电压异常升高对设备造成损害。过压可能由多种原因引起，如负荷突降、系统故障、铁磁谐振等。过压保护策略主要包括以下几个方面。

（1）瞬时过压保护：瞬时过压保护用于检测和隔离短时间的高幅值过电压，如雷击过电压。这种保护通常具有无时限或极短时限的动作特性。瞬时过压保护的整定需要考虑系统最高运行电压和设备的耐压水平，同时要避免在正常运行波动时误动作。

（2）定时限过压保护：定时限过压保护用于处理持续时间较长的过电压。它在检测到电压超过设定值并持续一定时间后动作。定时限过压保护的整定需要考虑系统正常运行电压范围、设备允许过电压水平和持续时间。时间定值的选择要考虑与其他保护的配合。

（3）零序过压保护：零序过压保护主要用于检测单相接地故障。在有效接地系统中，单相接地故障会引起明显的零序电压。零序过压保护的整定需要考虑系统的接地方式、零序电压互感器的精度等因素。通常采用两段式整定，第一段用于告警，第二段用于跳闸。

（4）负序过压保护：负序过压保护用于检测系统的不平衡状态，如两相短路、断相等故障。它可以作为其他保护的补充，提高系统的可靠性。负序过压保护的整定需要考虑系统正常运行时的不平衡度，避免正常不平衡导致的误动作。

在实际应用中，过流和过压保护策略往往需要综合考虑系统特性和运行要求。例如，在某些情况下可能需要采用复合型保护策略，如过流过压复合保护、过流低压复合保护等。此外，还需要考虑保护的整定原则，以确保保护系统的有效性和可靠性。

三、电力系统故障后的恢复策略

电力系统故障后的快速恢复是保障供电可靠性的关键。恢复策略的制定需要考虑故障性质、系统结构、负荷特性等多方面因素。合理的恢复策略可以最大限度地减少故障影响，快速恢复正常供电。电力系统故障后的恢复策略主要包括故障隔离、系统重构、负荷恢复和黑启动策略四个方面。

1. 故障隔离

故障隔离是系统恢复的第一步，其目的是将故障限制在最小范围内，防止故障范围扩大。快速准确的故障隔离不仅可以减少设备损坏，还能为后续的系统恢复创造有利条件。

故障隔离的主要策略包括快速跳闸、选择性隔离、自动重合闸和故障区段自动隔离。快速跳闸通过保护装置的快速动作，切除故障设备或线路。选择性隔离根据故障性质和位置，选择性地切除故障部分，尽量减少停电范围。对于瞬时性故障，采用自动重合闸技术，可以快速恢复供电。利用配电自动化技术，可以实现故障区段的自动定位和隔离。

在实施故障隔离时，需要充分利用现代电力系统的智能化设备和技术。例如，采用智能断路器可以实现更快速、更精确的故障隔离；利用故障指示器可以快速定位故障点；通过配电自动化系统可以实现远程控制和自动隔离。同时，还需要注意故障隔离的选择性，尽量减少误跳闸和误隔离的情况。

2. 系统重构

系统重构是在故障隔离后，通过改变网络拓扑结构，恢复对未受影响负荷的供电。系统重构的目标是在最短时间内恢复最大范围的供电，同时确保重构后的系统运行稳定、安全。

系统重构的主要策略包括备用电源投入、网络重构、分布式电源利用和负荷转移。备用电源投入是利用备用电源或联络线路，为失电区域恢复供电。网络重构通过改变开关状态，重构网络拓扑，实现最大范围的供电恢复。在条件允许的情况下，可以利用分布式电源为局部负荷提供电源支持。负荷转移则是将部分负荷转移到其他健康线路，实现负荷的均衡分配。

在实施系统重构时，需要考虑网络的拓扑结构、各条线路的负载能力、备用电源的容量等因素。同时，还需要注意重构过程中的电压质量和系统稳定性问题。例如，在投入备用电源时，需要考虑电压匹配问题；在进行负荷转移时，需要防止线路过载。此外，还可以利用智能配电网技术，如自愈控制技术，实现更加高效、可靠的系统重构。

3. 负荷恢复

负荷恢复是系统恢复的最后阶段，需要考虑负荷特性和系统承载能力。合理的负荷恢复策略可以确保系统的稳定运行，同时最大限度地满足用户的用电需求。

负荷恢复的主要策略包括分级恢复、分步恢复、冷负荷恢复和需求侧管理。分级恢复是按照负荷重要性分级恢复，优先恢复重要负荷。分步恢复是逐步恢复负荷，避免瞬时大负荷引起的系统波动。冷负荷恢复需要考虑长时间停电后负荷恢复的特性，如冷负荷启动电流大等问题。需求侧管理则是通过需求侧响应技术，控制负荷恢复速度，维持系统稳定。

在实施负荷恢复时，需要充分考虑不同类型负荷的特性。例如，工业负荷可能需要考虑启动顺序和启动电流；商业负荷可能需要考虑营业时间；居民负荷则需要考虑生活习惯的影响。同时，还需要注意负荷恢复过程中的电压质量问题，防止电压波动或电压骤降。利用先进的负荷管理系统和智能电表技术，可以实现精细化的负荷恢复控制。

4. 黑启动策略

在大范围停电或全网瘫痪的情况下，需要采用黑启动策略恢复系统。黑启动需要精心规划和协调。黑启动策略的制定需要考虑系统结构、电源特性、负荷特性等多方面因素。

黑启动的主要步骤包括自启动电源准备、关键负荷恢复、骨干网络恢复、并网同步和全面负荷恢复。首先，将具有自启动能力的电源（如水电站、燃气轮机等）作为系统恢复的初始电源。其次，优先恢复发电厂厂用电、重要用户等关键负荷。再次，逐步恢复主干线路，建立系统骨干网络。在此基础上，逐步扩大恢复范围，实现各个子系统的并网同步。最后，在系统稳定的基础上，逐步恢复全部负荷。

在实施黑启动策略时，需要特别注意几点：首先，安全第一，恢复过程中必须始终将人身和设备安全放在首位；其次，各级调度、运行、检修人员需要密切配合，确保恢复过程的有序进行；再次，要确保通信系统的可靠性，保障恢复过程中的信息传递；最后，需要制定完善的预案，并定期进行演练，以应对可能出现的各种情况。

总的来说，电力系统故障后的恢复策略需要综合考虑技术、经济、管理等多方面因素。随着智能电网技术的发展，恢复策略也在不断优化和完善。例如，利用人工智能技术可以实现更加智能化的故障诊断和恢复决策；利用大数据技术可以实现对历史故障数据的深入分析，为制定更加有效的恢复策略提供支持。未来，随着技术的不断进步，电力系统的恢复能力将会进一步增强，为用户提供更加可靠的电力供应。

第三章 建筑电气工程的规划与设计方法

第一节 建筑电气工程的规划准则

建筑电气工程的规划是整个建筑设计过程中不可或缺的环节。合理的电气工程规划不仅能确保建筑的正常运作，还能提高能源利用效率，降低运营成本，并为未来的扩展和升级奠定基础。本节将从电气负荷需求预测、电气系统容量规划、不同建筑类型的规划差异以及规划中的安全性与可持续性四个方面，详细阐述建筑电气工程的规划准则。

一、电气负荷需求的预测

电气负荷需求预测是建筑电气工程规划的首要任务，其准确性直接影响整个电气系统的设计和运行效率。负荷需求预测需要考虑多种因素，包括建筑的用途、规模、位置、使用时间以及未来的发展需求等。

负荷分类与特性分析是进行负荷需求预测的基础。在这一阶段，需要对建筑中的用电设备进行详细的分类和特性分析。常见的负荷类型包括照明负荷、空调负荷、动力负荷、特殊设备负荷等。每种负荷都有其用电特性，如峰值功率、使用时间、启动特性等。通过详细分析这些特性，可以更准确地估算各类负荷的用电需求。

例如，照明负荷通常具有较为稳定的用电特性，其功率随时间变化不大，但会受到昼夜变化和建筑使用情况的影响；空调负荷则具有明显的季节性变化特征，在夏季达到峰值，冬季则可能降至最低；动力负荷，如电梯、水泵等，通常具有较大的启动功率，需要特别考虑其对电力系统的冲击；特殊设备负荷，如医疗设备、实验室设备等，则需要根据具体情况进行分析。

负荷预测方法主要有经验法、单位面积指标法、设备容量法和负荷密度法等。经验法适用于类似建筑物的负荷预测，通过参考已有建筑的用电数据来估算新建筑的负荷。这种方法简单直观，但需要足够的历史数据支持，且可能忽视新建筑的特殊性。单位面积指标法是根据建筑面积和单位面积用电指标来计算总负荷。这种方法适用于大多数标准化建筑，但对于特殊用途的建筑可能存在误差。设备容量法则是通过统计所有用电设备的额定功率，并考虑同时使用系数来估算总负荷。这种方法较为精确，但工作量较大，且需要详细的设备清单。负荷密度法是基于建筑不同区域的用电密度来预测，适用于大型复杂建筑的负荷预测。

在进行负荷预测时，还需要考虑未来负荷增长的可能性。这包括建筑功能的扩展、设备更新升级、使用强度的变化等因素。通常，建议在初始设计时预留10%到20%的负荷余量，以应对未来可能的负荷增长。这种预留不仅能够满足短期内的负荷增长需求，还能为长期的系统扩展提供空间，避免因负荷增长而导致的频繁改造。

建筑物的用电负荷通常呈现出明显的季节性和时间性变化。例如，夏季空调负荷显著增加，而冬季则可能出现供暖负荷。同样，工作日和节假日的用电模式也有所不同。因此，在进行负荷预测时，需要考虑这些周期性变化，以确保电气系统能够满足各种情况下的用电需求。这就要求在负荷预测过程中，不仅要关注年平均负荷，还要分析日负荷曲线、月负荷曲线和年负荷曲线，以全面了解建筑的用电特性。

二、电气系统的容量规划

基于准确的负荷需求预测，电气系统的容量规划是确保建筑电力供应可靠性和经济性的关键步骤。容量规划不仅涉及总体供电容量的确定，还包括各子系统和设备的容量配置。

供电容量的确定需要综合考虑预测的最大负荷、负荷的同时使用系数、负荷的增长预期以及一定的安全裕度。通常，供电容量应略大于预测的最大负荷，以确保系统的可靠性和灵活性。同时，还需要考虑变压器的经济运行区间，避免长期低负荷运行导致的能源浪费。在实际操作中，可以采用需求系数法或最大需求法来确定供电容量。需求系数法是基于各类负荷的需求系数来计算总需求容量，而最大需求法则是通过分析负荷曲线来确定最大需求功率。

配电系统的容量配置包括主配电设备、分配电装置以及各级配电线路的容量确定。在进行配置时，需要考虑负荷的分布情况、供电半径、电压降要求等因素。同时，还应考虑系统的可扩展性，预留适当的扩展空间。对于大型建筑，通常采用多级配电系统，包括高压配电、低压总配电和各楼层或区域的分配电。每一级配电设备的容量都需要根据其供电范围内的负荷情况进行合理配置。

对于重要建筑或关键负荷，通常需要配置备用电源系统。备用电源的容量规划需要基于建筑的重要性等级、关键负荷的用电需求以及所需的持续供电时间来确定。常见的备用电源包括柴油发电机组、UPS 系统等。在规划备用电源时，需要考虑启动时间、供电持续时间、负载特性等因素。例如，对于需要瞬时切换的关键负荷，可能需要配置 UPS 系统；而对于可以接受短时间断电的负荷，则可以将柴油发电机组作为备用电源。

在现代建筑电气工程规划中，可再生能源系统的容量规划也越来越受重视。这主要包括光伏发电系统、风力发电系统等。可再生能源系统的容量规划需要考虑建筑的地理位置、气候条件、可用面积以及与常规电力系统的协调等因素。例如，在规划光伏发电系统时，需要考虑建筑屋顶或外墙的可用面积、当地的日照条件、系统的转换效率等。同时，还需要考虑可再生能源系统与常规电力系统的协调运行，包括并网方式、电能质量控制等。

三、不同建筑类型的规划差异

不同类型的建筑由于其功能、使用特点和要求不同，在电气工程规划上也存在显著差异。了解并充分考虑这些差异，对于制定适合特定建筑的电气工程规划至关重要。

住宅建筑的电气工程规划主要特点为：负荷密度相对较低，但分布广泛；用电时间主要集中在早晚，周末用电量通常高于工作日；需要考虑家用电器的多样性和不断更新。在规划时，需要特别注意配电系统的灵活性和可扩展性，以适应未来可能的负荷增长和新型用电设备的加入。例如，考虑到电动汽车的普及，在规划住宅建筑的电气系统时，可能需要为未来安装充电桩预留容量和接口。此外，住宅建筑的电气规划还需要考虑用电安全性和便利性，如合理设置插座位置、配置漏电保护装置等。

办公建筑的电气负荷主要包括照明、空调、办公设备等。其特点是工作日用电量大，夜间和周末用电量显著降低。在规划时，需要重点考虑信息化设备的用电需求，包括计算机、服务器、通信设备等。同时，还需要关注能源管理系统的设计，以提高能源利用效率。对于现代办公建筑，智能化系统的电气需求也是规划中的重要内容，包括楼宇自动化系统、安防系统、门禁系统等。此外，办公建筑的电气规划还需要考虑灵活性，以适应可能的办公空间重组和功能调整。

商业建筑的电气工程规划需要考虑其多样化的功能需求和较高的用电密度。商业建筑通常包括零售店铺、餐饮设施、娱乐场所等，各个区域的用电特性差异较大。在规划时，需要重点考虑负荷的多样性和变化性，以及高峰期的用电需求。例如，商场的照明系统需要考虑商品展示的特殊要求，餐饮区域需要考虑大功率厨房设备的用电需求，而娱乐场所则可能需要考虑音响、视频设备的特殊用电需求。此外，商业建筑的电气规划还需要考虑广告牌、电梯、扶梯等设备的用电需求，以及可能的季节性变化和营业时间变化对用电需求的影响。

工业建筑的电气工程规划具有其独特的要求。工业建筑的用电特点是负荷密度高，用电设备种类多样，且可能存在大功率设备和特殊用电需求。在规划时，需要详细了解生产工艺流程和设备特性，以准确预测负荷需求。同时，还需要考虑电能质量问题，如谐波污染、功率因数等。对于一些特殊工业建筑，如化工厂、冶金厂等，还需要考虑防爆、防腐蚀等特殊要求。此外，工业建筑的电气规划还需要考虑生产线的可能扩展和设备更新，预留足够的扩展空间和容量。

医疗建筑的电气工程规划需要特别关注供电可靠性和电能质量。医疗设备对电源的要求通常很高，需要考虑 UPS 和应急电源系统的配置。同时，医疗建筑内部的不同区域，如手术室、重症监护室、普通病房等，对供电的要求也有所不同。在规划时，需要根据医疗设备的特性和使用要求，合理配置电源和配电系统。此外，医疗建筑的电气规划还需要考虑特殊的安全要求，如等电位连接、医疗 IT 系统等。

教育建筑的电气工程规划需要考虑其多功能性和使用时间的特点。教育建筑通常包括教室、实验室、办公区、图书馆等多种功能区域，每个区域的用电特性都有所不同。在规划时，需要考虑不同区域的用电需求，以及可能的设备更新和功能调整。例如，实验室可能需要考虑特殊设备的用电需求和安全要求，而图书馆则需要考虑照明和信息化设备的需求。此外，教育建筑的用电负荷通常具有明显的时间性特征，如上课时间和假期的用电需求差异较大，这也需要在规划中充分考虑。

四、规划中的安全性与可持续性

在建筑电气工程规划中，安全性和可持续性是两个需要重点考虑的因素。这不仅关系到建筑使用者的人身安全和财产安全，也关系到建筑的长期运营效率和环境友好性。

电气安全性是规划中的首要考虑因素。这包括防触电措施、过载保护、短路保护等。在规划阶段，需要根据建筑的特点和使用要求，选择适当的保护措施和设备。例如，对于公共建筑，可能需要考虑更高等级的漏电保护；对于高层建筑，则需要特别注意防雷系统的设计。此外，还需要考虑电气设备的布置和安装方式，以确保维护和操作的安全性。

电能质量也是安全性考虑的重要方面。良好的电能质量不仅能确保设备的正常运行，还能延长设备的使用寿命。在规划阶段，需要考虑可能影响电能质量的因素，如谐波、电压波动、功率因数等，并采取相应的措施。例如，对于含有大量非线性负载的建筑，可能需要采取谐波抑制措施；对于功率因数较低的建筑，则可能需要配置无功补偿装置。

可持续性在现代建筑电气工程规划中越来越受重视。这主要体现在能源效率和环境友好性两个方面。在能源效率方面，需要考虑采用高效率的电气设备，如高效照明系统、变频空调系统等。同时，还需要考虑能源管理系统的设计，通过智能控制和实时监测来优化能源使用。在环境友好性方面，需要考虑采用环保材料和设备，减少有害物质的使用，并考虑设备的全生命周期影响。

可再生能源的应用是提高建筑可持续性的重要手段。在规划阶段，需要评估建筑应用可再生能源的潜力，如太阳能、风能等，并将其纳入整体电气系统设计中。例如，可以考虑在建筑屋顶或外墙安装光伏系统，或者在适当的位置安装小型风力发电机。同时，还需要考虑可再生能源系统与常规电力系统的协调运行，以及能源存储系统的配置。

最后，在规划中还需要考虑电气系统的可维护性和可扩展性。这包括合理布置电气设备，预留足够的操作和维护空间，设置便于检修的通道等。同时，还需要考虑未来可能的负荷增长和功能调整，在初始规划中预留适当的扩展空间和容量。这不仅能降低未来改造的难度和成本，也能提高建筑的长期使用价值。

建筑电气工程的规划需要综合考虑多方面因素，只有进行准确的负荷预测、合理的容量规划、对不同建筑类型特点充分考虑，以及重视安全性和可持续性，才能制定出科学、合理、高效的电气工程规划方案，为建筑的长期安全、高效运行奠定基础。

第二节　供配电系统的优化设计

供配电系统是建筑电气工程的核心组成部分，其设计直接影响建筑的用电安全、可靠性和经济性。优化设计的目标是在满足建筑用电需求的基础上，最大化系统的效率，最小化能源损耗和运营成本。本节将从优化设计的原则与方法、负荷中心的合理布局、能源高效利用的设计以及系统冗余与扩展性的考虑四个方面，详细阐述供配电系统的优化设计策略。

一、优化设计的原则与方法

供配电系统优化设计的核心原则是安全性、可靠性、经济性和灵活性。安全性是首要考虑因素，要确保系统在各种运行条件下都能保障人身和设备安全。可靠性要求系统能够持续稳定地供电，满足各类负荷的需求。经济性则要求在满足技术要求的前提下，尽可能降低投资和运营成本。灵活性是指系统应具有适应负荷变化和未来扩展的能力。

在具体设计方法上，可采用多目标优化方法。这种方法综合考虑多个设计目标，如供电可靠性、能源效率、投资成本等，通过建立数学模型和使用优化算法来寻找最佳设计方案。例如，可以使用遗传算法或粒子群优化算法来优化变压器容量、线路截面等参数，以实现多目标平衡。

多目标优化方法的具体应用步骤：首先，明确优化目标，如最大化供电可靠性、最小化能源损耗、最小化投资成本等；其次，建立目标函数，将各个目标量化为数学表达式；再次，确定约束条件，如电压质量要求、短路电流限值等；最后，选择适当的优化算法求解。在实际应用中，可能需要对不同目标进行权衡，根据具体项目的要求确定各目标的权重。

还有一个重要的优化方法是分层设计。将供配电系统分为高压配电、低压总配电和终端配电等层次，分别进行优化设计。这种方法可以简化复杂系统的设计过程，同时确保各层次之间的协调性。在每个层次的设计中，需要考虑该层次的特殊要求和与其他层次的接口。

分层设计方法的具体实施包括以下步骤：首先，明确各层次的功能和边界；其次，确定各层次的设计参数和指标；再次，进行各层次的独立优化设计；最后，进行层次间的协调和整体优化。例如，在高压配电层次，主要考虑变电所的位置和容量、高压开关设备的选型等；在低压总配电层次，关注低压配电柜的布置、主干线路的设计等；在终端配电层次，则需要注重分支线路的设计和终端保护装置的选择。

模块化设计也是一种有效的优化方法。将系统划分为功能相对独立的模块，可以提高系统的灵活性和可维护性。例如，可以将配电系统设计为若干个相对独立的配电单元，每个单元负责特定区域或特定类型的负荷。这种设计方法不仅便于系统的分期建设和扩展，也有利于故障隔离和维护。

模块化设计的关键在于模块的划分和接口的定义。在划分模块时，需要考虑功能的相对独立性、负荷的相似性、物理位置的邻近性等因素。接口的定义则需要考虑电气参数的匹配、控制信号的兼容、物理连接的标准化等方面。通过标准化的接口设计，可以实现模块的灵活组合和替换，提高系统的适应性和可维护性。

在优化设计过程中，还需要充分利用计算机辅助设计工具。这些工具可以帮助进行负荷计算、短路电流计算、电压降计算等，提高设计的准确性和效率。同时，通过建立系统的数字模型，可以进行各种仿真分析，如负荷流分析、暂态稳定性分析等，以验证设计方案的可行性和优化效果。

计算机辅助设计工具的应用可以分为几个层次：基础计算工具、专业设计软件和高级仿真分析工具。基础计算工具主要用于进行各种电气参数的计算，如负荷计算、线路损耗计算等。专业设计软件则可以辅助进行系统布局、设备选型、图纸绘制等工作。高级仿真分析工具可以建立系统的详细模型，进行动态仿真和优化分析，评估系统在各种运行条件下的性能。

二、负荷中心的合理布局

负荷中心的合理布局是供配电系统优化设计的关键环节之一。合理的布局可以减少线路损耗，提高供电可靠性，并降低系统的投资和运营成本。

　　确定负荷中心的第一步是进行详细的负荷分布分析。这需要对建筑内各区域的用电特性进行深入研究，包括负荷的类型、大小、分布位置以及时间变化特性等。通过绘制负荷分布图，可以直观地了解建筑内部的用电分布情况。

　　负荷分布分析的具体方法：首先，收集建筑的平面图和用电设备清单；其次，根据设备的额定功率和使用特性，计算各区域的设计负荷；再次，考虑同时使用系数，确定实际负荷；最后，将负荷信息标注在平面图上，形成负荷分布图。在这个过程中，需要特别注意大功率设备和特殊用电需求，如电梯、中央空调、数据中心等，这些负荷可能对负荷中心的位置产生显著影响。

　　在分析负荷分布的基础上，可以采用重心法来确定理想的负荷中心位置。重心法的基本原理是将各负荷点的位置和大小作为质点，计算整个系统的质心位置。这个位置通常被认为是理想的变电所或配电室位置。然而，在实际设计中还需要考虑建筑结构、设备安装空间等因素，可能需要对理论上的最佳位置进行适当调整。

　　重心法的具体计算步骤：首先，在平面直角坐标系中确定各负荷点的坐标和大小；其次，计算 x 方向和 y 方向的力矩之和；再次，计算总负荷；最后，计算负荷中心的 x 坐标和 y 坐标。计算公式为

$$x = \sum (P_i \times x_i) / \sum P_i \qquad (3-1)$$

$$y = \sum (P_i \times y_i) / \sum P_i \qquad (3-2)$$

式中，x 和 y 为负荷中心的坐标，P_i 为第 i 个负荷点的大小，x_i 和 y_i 为第 i 个负荷点的坐标。

　　对于大型或复杂的建筑，可能需要设置多个负荷中心。在这种情况下，需要考虑负荷的分区供电。分区供电的原则是将相近的、用电特性相似的负荷划分为一个供电区域，每个区域设置一个负荷中心。这种方式可以减少长距离供电造成的损耗，同时提高系统的灵活性和可靠性。

　　分区供电的具体步骤：首先，根据建筑的功能分区和物理结构，初步划

分供电区域；其次，计算各区域的负荷大小和负荷中心；再次，评估各区域之间的负荷平衡情况；最后，根据评估结果调整区域划分，直到达到理想的平衡状态。在这个过程中，需要考虑各区域之间的协调性，避免出现负荷过于集中或分散的情况。

在确定负荷中心位置时，还需要考虑供电可靠性的要求。对于重要负荷，可能需要设置独立的配电设施，或者采用双电源供电方式。此外，还需要考虑未来负荷增长和变化的可能性，为负荷中心的扩展预留足够的空间。

对于重要负荷的供电可靠性设计，可以采取以下措施：首先，可以设置独立的配电回路，避免与其他负荷共用；其次，可以采用双电源供电，包括双回路供电或配置备用电源；再次，可以考虑使用 UPS 系统或应急发电机组；最后，可以在配电系统中设置自动切换装置，确保在主供电源故障时能迅速切换到备用电源。

三、能源高效利用的设计

能源高效利用是现代供配电系统设计的重要目标。通过优化设计，可以显著降低系统的能源损耗，提高能源利用效率，从而降低运营成本和环境影响。

提高能源利用效率的一个重要方面是减少线路损耗。这可以通过优化线路布置、选择合适的导线截面来实现。在设计过程中，需要进行详细的电压降和功率损耗计算，在满足电压质量要求的前提下，选择经济合理的导线截面。对于大功率负荷，可以考虑采用就近供电的方式，减少长距离输送造成的损耗。线路损耗的计算和优化步骤：首先，根据负荷电流和线路长度，计算各线路段的电压降和功率损耗；其次，评估电压降是否满足标准要求；再次，计算年度能量损耗和相应的经济损失；最后，通过比较不同导线截面的初始投资和运行成本，选择最优方案。在这个过程中，需要考虑负荷的变化特性，可以采用等效满载时间法来简化计算。

变压器的选择和运行方式也是影响能源效率的重要因素。在选择变压器时，不仅要考虑其容量满足负荷需求，还要关注其能效等级。高效率变压器虽然初始投资较高，但在长期运行中可以显著减少损耗，降低总体成本。对于负荷变化较大的建筑，可以考虑采用多台小容量变压器并联运行的方式，根据负荷情况灵活调整运行台数，以提高整体运行效率。变压器的选择和运行优化包括以下几个方面：首先，根据负荷特性选择适当容量的变压器，避免长期低负载运行；其次，选择高能效等级的变压器，如国家能效标准中的1级或2级能效产品；再次，对于负荷变化大的场合，考虑采用多台变压器并联运行的方式；最后，通过能源管理系统实现变压器的智能调度，根据负荷变化自动调整运行方式。

无功功率补偿是提高能源利用效率的另一个重要措施。合理的无功补偿可以提高功率因数，减少线路和设备的无功损耗，同时改善电能质量。在设计中，需要根据负荷特性和分布情况，合理配置无功补偿装置。对于大型建筑，可以考虑采用集中补偿和分散补偿相结合的方式，以获得最佳的补偿效果。无功补偿的设计步骤：首先，分析负荷的无功需求特性；其次，确定补偿目标，如将功率因数提高到0.95以上；再次，计算所需的补偿容量；最后，选择补偿装置的类型和安装位置。对于负荷变化较大的场合，可以考虑采用自动投切的补偿装置，根据实时功率因数自动调节补偿容量。

电能质量改善也是能源高效利用设计的重要内容。良好的电能质量不仅能确保设备的正常运行，还能减少额外的能源损耗。在设计中，需要考虑采取谐波抑制、电压稳定等措施。对于含有大量非线性负载的建筑，可能需要配置谐波滤波装置。对于敏感设备，可能需要考虑配置稳压装置或UPS系统。电能质量改善的具体措施：首先，进行电能质量评估，包括谐波含量、电压波动、三相不平衡度等指标的测量和分析；其次，根据评估结果，确定需要改善的项目；再次，选择适当的改善措施，如安装有源滤波器、静止无功补偿器（SVG）等；最后，通过持续监测和调整，确保电能质量达到并保持在理想水平。

四、系统冗余与扩展性的考虑

在供配电系统的优化设计中，系统冗余和扩展性是两个需要重点考虑的因素。合理的冗余设计可以提高系统的可靠性，而良好的扩展性则可以适应未来的负荷增长和功能变化。

1. 系统冗余设计

系统冗余设计的主要目的是提高供电可靠性。根据建筑的重要性和用电要求，可以采取不同级别的冗余措施。常见的冗余设计如下。

（1）电源冗余：采用双电源供电，可以是来自不同变电站的两路电源，或者是市电和备用发电机的组合。

（2）变压器冗余：设置备用变压器或采用 $N+1$ 配置，即正常运行需要 N 台变压器时，实际配置 $N+1$ 台。

（3）母线冗余：采用双母线或环网结构，提高系统的灵活性和可靠性。

（4）开关设备冗余：在关键节点采用双断路器配置，提高系统的可操作性和维护性。

（5）控制系统冗余：采用双重化或三重化的控制系统，确保在部分设备故障时仍能正常运行。

在进行冗余设计时，需要权衡可靠性提升和成本增加之间的关系。可以采用可靠性评估方法，如故障树分析或蒙特卡罗模拟，来量化不同冗余方案的效果，从而选择最优的冗余配置。

2. 扩展性设计

扩展性设计是为了应对未来可能的负荷增长和功能变化。良好的扩展性可以降低未来改造的难度和成本。扩展性设计的主要考虑因素如下。

（1）容量预留：在初始设计时，为主要设备（如变压器、母线、电缆）预留一定的容量余量，通常为 15%~30%。

（2）空间预留：在配电室和电气竖井中预留足够的空间，以便未来安装新的设备或扩展现有设备。

（3）模块化设计：采用模块化的设计理念，便于未来进行系统扩展或更新。

（4）灵活的拓扑结构：选择具有良好扩展性的系统拓扑结构，如放射式与环网式相结合的结构。

（5）预留接口：在关键节点预留电气和控制接口，便于未来的系统扩展和升级。

（6）可升级的控制系统：选择具有良好可扩展性和升级能力的控制系统和软件平台。

在进行扩展性设计时，需要对建筑的未来发展进行合理预测。这可能包括负荷增长趋势分析、功能变化预测等。同时，还需要考虑技术发展趋势，如新能源技术、智能化技术的应用前景等。

3. 其他注意事项

综上所述，供配电系统的优化设计是一个多目标、多约束的复杂过程。它需要综合考虑安全性、可靠性、经济性、能效和扩展性等多个方面。通过合理的设计原则和方法，优化负荷中心布局，注重能源高效利用，并充分考虑系统冗余和扩展性，可以实现供配电系统的整体优化。这不仅能够满足建筑当前的用电需求，还能为未来的发展预留空间，实现长期的经济和社会效益。

在实际设计中，还需要注意以下几点：

（1）标准规范的遵循：设计必须严格遵守相关的国家标准、行业规范和地方法规。这些标准和规范为设计提供了基本的技术要求和安全保障。

（2）因地制宜：不同地区、不同类型的建筑可能有其特殊要求，设计时需要充分考虑当地的气候条件、用电特点和建筑特性等因素。

（3）技术经济分析：在进行各项优化设计时，需要进行详细的技术经济分析，平衡初始投资和长期运营成本，选择最优方案。

（4）环境友好：在设计中需要考虑环境因素，如选用环保材料、减少电磁污染、降低噪声等。

（5）可维护性：系统的可维护性直接影响到长期运行的可靠性和经济性。在设计中需要充分考虑设备的检修和更换便利性。

（6）协同设计：供配电系统的设计需要与建筑的其他系统协同进行，如与暖通、给排水、消防等系统的协调。

通过这些综合考虑和优化设计，可以实现一个安全、可靠、经济、高

效且具有良好扩展性的供配电系统，为建筑的长期运行提供坚实的电力
保障。

第三节　电气设备的选型原则与配置方法

电气设备是建筑电气工程的核心组成部分，其选型和配置直接影响到整
个建筑的用电安全、可靠性和经济性。本节将从设备选型与节能考虑、不同
用途的设备配置、安全设备的配置的三个方面，简要介绍电气设备的选型原
则与配置方法。

一、设备选型与节能考虑

随着能源成本的上升和环保要求的提高，节能已成为设备选型的重要考
虑因素。选择高效设备是实现节能的直接方法。对于主要用电设备，如变压
器、电动机等，应优先选择高效产品。对于变压器，应选择符合现行能效标
准的高效变压器，例如，可以选择能效等级为 1 级或 2 级的变压器。这些变
压器虽然初始投资较高，但在长期运行中可以显著降低损耗，减少运行成本。
对于电动机，特别是风机、水泵等常用设备的驱动电机，应选择高效电机。
高效电机虽然价格较高，但能够显著降低能耗，通常在 1~3 年内就能收回增
加的投资。对于照明设备，应选择高光效、长寿命的光源，如 LED 灯具。同
时，还应考虑灯具的光分布特性，选择适合特定场景的产品，以提高照明
效率。

对于负荷变化较大的设备，如空调系统的水泵、风机等，应考虑采用变
频调速技术。变频调速不仅可以实现精确的速度控制，还能显著降低能耗。
在选择变频器时，需要考虑功率匹配、过载能力、控制性能以及谐波影响等
因素。变频器的额定功率应与电机相匹配；需要考虑负载的启动特性和可能
的过载情况；根据应用需求选择合适的控制模式，如 V/F 控制、矢量控制等；
同时需要评估变频器对电网的谐波影响，必要时配置谐波治理装置。

合理的无功补偿可以提高功率因数，减少线路损耗，同时改善电能质量。

在选择无功补偿设备时，需要考虑补偿容量、补偿方式以及谐波环境等因素。补偿容量需要根据负载的无功需求特性确定；补偿方式可选择固定补偿、自动投切补偿或动态补偿，根据负载特性和电能质量要求确定；在谐波含量较高的环境中，需要选择抗谐波型补偿装置，或配置有源滤波器。

配置能源管理系统可以实现对用电设备的智能控制和能耗分析，从而提高能源利用效率。在选择能源管理系统时，需要考虑监测范围、数据采集能力、分析功能、控制能力以及扩展性等方面。系统应能覆盖主要用电设备和系统；数据采集能力包括采集精度、采集频率等；系统应具备能耗分析、负荷预测等功能；能够实现对主要用电设备的智能控制；需要考虑未来可能的扩展需求。

在进行设备选型时，需要采用合理的方法评估不同方案的节能效果。常用的评估方法包括全生命周期成本分析、投资回收期法以及净现值法。全生命周期成本分析考虑设备的初始投资、运行成本、维护成本和报废处理成本，计算设备在整个生命周期内的总成本。投资回收期法计算采用节能措施所增加的投资通过节能回收的时间。净现值法考虑资金的时间价值，计算节能措施在整个生命周期内产生的净收益的现值。

通过这些评估方法，可以科学地比较不同设备选型方案的经济性，为决策提供依据。在设备选型与节能考虑中，需要注意平衡初始投资和长期收益。有些高效节能设备虽然初始投资较高，但在长期运行中可以带来显著的经济效益和环境效益。因此，在进行决策时，应该从全生命周期的视角，综合考虑各种因素。

二、不同用途的设备配置

在建筑电气系统中，不同用途的设备需要根据其特定功能和使用环境进行配置。主要包括配电设备、照明设备、动力设备以及特殊用途设备的配置。

配电设备是电力系统的核心，包括变压器、开关设备、母线、电缆等。变压器的配置需要考虑负荷特性、供电可靠性要求以及能效等级。对于大型建筑或负荷密度高的区域，可能需要配置多台变压器，并考虑"N-1"原则以提高可靠性。开关设备的选择需要考虑额定电压、额定电流、开断能力以及操作方式等因素。对于重要负荷，可能需要选择具有更高可靠性和更快操作速度的开关设备。母线和电缆的选择需要考虑载流量、电压降、短路承受能力等因素。在配置这些设备时，还需要考虑未来负荷增长的可能性，预留适当的裕度。

动力设备主要包括电动机及其控制设备。在配置电动机时，需要根据负载特性选择合适的类型和容量。对于有变速需求的场合，如风机、水泵等，应配置变频器以实现精确控制和节能。对于大功率电动机，还需要考虑启动方式，如软启动器或变频启动，以减少对电网的冲击。在 MCC 的配置中，需要考虑控制方式、保护功能、通信接口等因素，以实现与建筑自动化系统的集成。

特殊用途设备需要根据建筑的具体功能和要求进行设计。例如，对于数据中心，需要配置高可靠性的 UPS 系统和精密空调；对于医院，需要考虑医疗设备的特殊供电要求，如隔离电源系统；对于高层建筑，需要特别考虑电梯系统的供电和控制。这些特殊用途设备的配置不仅需要满足功能要求，还需要考虑与建筑其他系统的协调。

在配置各类设备时，还需要考虑设备之间的协调性和系统的整体性能。例如，在配置变频器时，需要考虑其对电网的谐波影响，必要时配置谐波治理装置；在配置大功率非线性负载时，需要考虑对电能质量的影响，可能需要配置无功补偿和谐波治理设备。同时，还需要考虑设备的监控和管理，可以通过配置建筑管理系统（BMS）来实现对各类设备的集中监控和智能化管理。

三、安全设备的配置

安全设备的配置对于确保建筑电气系统的可靠性和安全性至关重要。这包括应急供电系统、电气火灾防护系统、防雷与接地系统以及关键设备的配置。

应急供电系统是保障重要负荷在正常供电中断时继续运行的关键设备。根据负荷的重要程度和对供电连续性的要求，可以配置不同类型的应急供电系统。对于要求不间断供电的关键负荷，如数据中心、医疗设备等，需要配置 UPS 系统。UPS 系统的选择需要考虑容量、后备时间、响应速度等因素。对于允许短时间断电的重要负荷，可以配置应急发电机组。发电机组的选择需要考虑启动时间、运行时间、燃料储备等因素。在配置应急供电系统时，还需要考虑自动切换装置（ATS）的配置，以实现在市电中断时快速切换到备用电源。ATS 的选择需要考虑切换时间、切换逻辑以及与其他系统的协调性。对于特别重要的负荷，可能需要考虑双路供电或双电源系统，以进一步提高供电可靠性。

电气火灾防护系统是建筑安全的重要保障。这包括电气火灾监控系统和灭火系统的配置。电气火灾监控系统主要包括电弧故障断路器（AFCI）、剩余电流动作保护器（RCD）以及温度监测装置等。AFCI 能够检测并切断可能引发火灾的电弧故障；RCD 可以检测漏电并及时切断电源，防止触电和火灾；温度监测装置可以实时监测电气设备的运行温度，及时发现过热隐患。在配置这些设备时，需要根据不同区域的风险等级和管理要求进行合理布置。对于高风险区域，如配电室、电缆井道等，还需要配置适当的灭火系统，如气体灭火系统或细水雾灭火系统。

防雷与接地系统是保护建筑和电气设备免受雷击损害的重要措施。防雷系统需要根据建筑物的高度、形状、所在地区的雷电活动水平等因素进行设计。主要包括外部防雷系统（如避雷针、避雷带）和内部防雷系统（如等电位连接、浪涌保护器）。接地系统的配置需要考虑工作接地、保护接地和防雷接地的要求，在某些情况下可以采用综合接地系统。在设计接地系统时，需要考虑土壤电阻率、接地电阻要求、接地网布置等因素。对于特殊场所，如医疗场所或数据中心，可能需要配置独立的接地系统或采用更严格的接地措施。

第四节　电气安全与能效设计标准

建筑电气工程的设计不仅需要满足功能性要求，还必须确保安全性和能源效率。本节将详细探讨电气安全与能效设计标准，包括国家及行业安全标准的概述、电气系统中的防火设计、能效设计与节能策略。这些标准和设计原则为建筑电气工程提供了重要的指导和规范，确保了建筑的安全运行和能源的高效利用。

一、国家及行业安全标准概述

国家及行业安全标准是建筑电气工程设计的基本依据和准则。这些标准涵盖了电气安全的各个方面，包括电气设备的安全要求、电气安装的安全规范、电气系统的保护措施等。了解和遵循这些标准对于确保建筑电气系统的安全性至关重要。

电气设备的安全标准主要规定了各类电气设备的安全技术要求和试验方法。这包括设备的绝缘性能、温升限值、机械强度、防护等级等。例如，对于低压电器，国家标准规定了额定绝缘电压、额定冲击耐受电压、防护等级等参数。这些标准确保了电气设备在正常使用条件下的安全性，防止因设备故障导致的安全事故。

电气安装的安全规范涉及电气系统的设计、施工和验收等环节。这些规范详细规定了电气线路的布置、保护导体的选择与安装、接地系统的设计与实施要求等。例如，对于建筑物内部的电气线路，标准规定了不同场所的布线方式、导线的选择与敷设方法、线路的保护措施等。遵循这些规范可以有效防止因安装不当导致的电气火灾或触电事故。

电气系统的保护措施是确保用电安全的重要环节。相关标准对过电流保护、短路保护、接地保护、电击防护等方面进行了规定。例如，对于过电流保护，标准规定了保护器件的选择原则、整定值的确定方法等。对于接地系统，标准提出了不同的设计要求，对接地电阻值进行了限制。这些保护措施的实施能够有效降低电气事故的发生率和危害程度。

此外，电气安全标准的实施还需要配套的管理制度和执行机制。这包括设计审核制度、施工监理制度、验收检测制度等。这些制度可以确保安全标准在实际工程中得到有效落实，从而最大限度地保障建筑电气系统的安全性。

二、电气系统中的防火设计

电气系统中的防火设计是建筑消防安全的重要组成部分。电气火灾是建筑火灾的主要原因之一，因此，有效的防火设计对于降低火灾风险、保障建筑安全具有重要意义。电气系统的防火设计主要包括火灾预防措施、火灾检测与报警系统、防火分隔与阻燃等方面。

火灾预防措施是防火设计的首要环节。这包括合理选择电气设备和材料、正确设计和安装电气线路、实施有效的过载和短路保护等。在选择电气设备时，应优先选用具有防火性能的产品，如阻燃型电缆、具有热保护功能的电器等。电气线路的设计和安装应避免过热和电弧故障。例如，应合理确定导线截面，避免线路过载；应正确选择和安装接线端子，防止接触不良导致的局部发热。过载和短路保护装置的选择和整定应确保能在故障初期及时切断电源，防止故障扩大。

火灾检测与报警系统是及早发现火灾隐患、防止火灾蔓延的关键。对于电气系统，常用的检测方法包括温度监测、电弧故障检测、烟雾检测等。温度监测可以通过热敏电缆或红外热像仪实现，能够及时发现设备或线路的异常发热。电弧故障检测可以使用 AFCI，检测并切断可能引发火灾的电弧故障。烟雾检测则可以在火灾初期发出警报，为及时扑救赢得宝贵时间。这些检测系统应与建筑的火灾自动报警系统联动，确保在发生异常时能够及时报警并采取相应的措施。

防火分隔与阻燃设计是阻止火灾蔓延的重要手段。在电气系统中，这主要包括电气竖井的防火设计、电缆穿越防火分区处的防火封堵、配电室的防火设计等。电气竖井应采用耐火等级不低于 2 小时的防火隔墙与其他部位分隔，并在每层楼板处设置防火封堵。电缆穿越防火分区处应使用防火封堵材料，确保防火分区的完整性。配电室应采用耐火等级不低于 2 小时的墙体和楼板与其他部位分隔，门应采用甲级防火门。此外，电缆桥架的设计也应考虑防火要求，可采用防火涂料或防火隔板等提高其防火性能。

电气防火设计还应考虑与其他消防系统的协调。例如，考虑到消防用电设备（如消防水泵、防烟排烟风机等）的可靠供电，可采用双电源供电或设置专用的消防电源。同时，电气系统应能在发生火灾时根据需要自动切断非消防负荷的供电，以降低火灾蔓延的风险。

三、能效设计与节能策略

能效设计与节能策略在现代建筑电气工程中越来越重要。随着能源成本的上升和环保要求的提高，提高能源利用效率已成为建筑设计的重要目标。能效设计不仅可以降低建筑的运营成本，还能减少碳排放，为可持续发展做出贡献。

能效设计的首要任务是准确评估建筑的用能需求。这需要对建筑的功能、使用模式、气候条件等因素进行全面分析。通过建立用能模型，可以识别主要的耗能环节，为后续的节能设计提供依据。例如，对于办公建筑，可能需要重点关注照明系统和空调系统的能耗；而对于数据中心，则可能需要更多地关注 IT 设备和制冷系统的能耗。

高效电气设备的选用是实现节能目标的重要手段。这包括选用高效变压器、高效电动机、节能照明设备等。在选择变压器时，应优先考虑能效等级较高的产品，如国家能效标准中的 1 级或 2 级变压器。对于电动机，特别是在风机、水泵等应用中，应选用高效电机，并考虑采用变频调速技术。在照明系统设计中，应广泛采用 LED 灯具，并结合智能控制技术以实现更精细的节能控制。

电力系统的优化设计也是提高能效的重要方面。这包括合理确定变压器容量和数量、优化配电系统的拓扑结构、合理设置无功补偿装置等。例如，通过合理选择变压器容量和运行方式，可以使变压器在高效区间运行，减少损耗。通过优化配电系统结构，可以缩短供电半径，减少线路损耗。通过合理配置无功补偿装置，可以提高功率因数，减少无功损耗。

建筑电气系统的节能设计还需要考虑与其他系统的协同问题。例如，与暖通空调系统的协同可以通过优化电机控制策略、采用变频技术等实现更高的系统效率。与建筑外围护结构的协同则可以通过优化自然采光、合理布置电气设备等方式减少不必要的能耗。

　　能效设计的实施还需要配套的管理措施和用户参与。这包括制定详细的能源管理制度、开展节能培训、鼓励用户参与节能等。通过这些软性措施，可以充分发挥硬件设施的节能潜力，实现持续的节能效果。最后，能效设计的效果需要通过持续的监测和评估来验证和优化。这可以通过建立能源审计制度、定期进行能效评估等方式实现。通过持续改进，可以不断提高建筑的能源利用效率，实现长期的节能目标。

第四章　供配电系统的设备与组件分析

第一节　变压器的选型与性能评估

变压器是供配电系统中的核心设备，其性能直接影响整个电力系统的效率和可靠性。本节将深入探讨变压器的工作原理、分类、性能评估方法以及在供配电系统中的重要作用，为变压器的选型和应用提供理论基础和实践指导。

一、变压器的工作原理与分类

变压器的工作原理基于电磁感应定律。其核心构造包括初级线圈、次级线圈和磁芯。当交变电流通过初级线圈时，在磁芯中产生交变磁场。这个交变磁场又在次级线圈中感应出电动势，从而实现电能的传输和电压的变换。变压器的电压比与初、次级线圈的匝数比成正比，这一特性使变压器能够实现电压的升高或降低。

变压器的工作原理可以用方程表示为：$E_1/E_2 = N_1/N_2 = I_2/I_1$，其中，$E_1$和$E_2$分别为初、次级感应电动势，$N_1$和$N_2$分别为初、次级线圈匝数，$I_1$和$I_2$分别为初、次级电流。这个方程揭示了变压器的核心工作原理：电压比与匝数比成正比，而电流比与匝数比成反比。这使变压器能够在功率基本不变的情况下，实现电压和电流的转换。

变压器的工作过程可以分为空载和负载。在空载状态下，变压器的次级开路，只有初级绕组中有电流流过，这个电流称为空载电流。空载电流虽然很小，但它是维持变压器磁场所必需的。在负载状态下，次级绕组连接负载，产生负载电流。这时，初级绕组中的电流会相应增加，以平衡次级负载带来的磁场变化。

变压器的分类可以基于多种标准，如冷却方式、绕组数量、用途、相数和绝缘介质等。每种类型的变压器都有其特定的应用场景和优势。

1. 按冷却方式分类

（1）干式变压器：采用空气自然冷却或强迫风冷。这种变压器不将油作为冷却介质，具有防火性能好、环保、维护简单等优点。然而，其散热能力相对较差，因此容量和电压等级会受到限制，一般用于中小容量的室内配电变压器。

（2）油浸式变压器：将绝缘油作为冷却和绝缘介质。油浸式变压器具有极佳的散热效果和绝缘性能，适用于大容量和高电压等级的场合。其主要缺点是存在火灾和环境污染风险。根据冷却方式的不同，油浸式变压器又可分为自然冷却（ONAN）、强迫油循环风冷（ONAF）、强迫油循环水冷（OFWF）等多种类型。

2. 按绕组数量分类

（1）双绕组变压器：具有一个初级绕组和一个次级绕组，是最常见的变压器类型。适用于大多数标准的电压转换需求。

（2）三绕组变压器：具有一个初级绕组和两个次级绕组。这种变压器可以同时提供两种不同的输出电压，常用于需要多种电压等级的场合，如大型变电站中同时向高压和中压系统供电。

3. 按用途分类

（1）电力变压器：用于电力系统中的大容量电能传输，通常容量在10MVA以上。这类变压器主要用于发电厂、变电站等场所，是电力系统的重要设备。

（2）配电变压器：用于将中压电网的电压降至适合低压用户使用，通常容量在 10MVA 以下。这类变压器广泛应用于城乡配电网中，是电力送到终端用户的最后一环。

（3）特种变压器：如整流变压器、调压变压器、试验变压器等，用于特殊场合。例如，整流变压器用于大功率整流装置中，调压变压器用于精确控制电压，试验变压器用于产生高电压进行绝缘试验。

4. 按相数分类

（1）单相变压器：适用于单相供电系统或作为三相组合的一部分。在一些特殊应用中，如铁路电力系统，单相变压器得到广泛应用。

（2）三相变压器：直接用于三相供电系统，结构紧凑，效率高。三相变压器可以由三个单相变压器组合而成，也可以采用一个公共铁芯的结构。后者具有体积小、重量轻、损耗低等优点，在三相系统中得到广泛应用。

5. 按绝缘介质分类

（1）气体绝缘变压器：将 SF6 等气体作为绝缘介质，具有良好的绝缘性能和灭弧能力。这种变压器主要用于特高压 GIS（气体绝缘开关设备）变电站中。

（2）液体绝缘变压器：将矿物油、植物油等液体作为绝缘介质，散热效果好。矿物油是传统的变压器绝缘油，但近年来，出于环保和安全考虑，植物油变压器正在逐渐普及。

（3）固体绝缘变压器：将环氧树脂等固体材料作为绝缘介质，适用于特殊环境。这种变压器具有体积小、重量轻、防潮性能好等特点，常用于一些特殊场合，如海上平台、地铁等。

在选择变压器类型时，需要综合考虑多个因素。第一，应用环境，包括室内、室外、高海拔、高污秽等特殊环境。例如，在高海拔地区，由于空气稀薄，变压器的散热性能会下降，可能需要选择特殊设计的变压器或者采用强制冷却方式。第二，负载特性，包括负载大小、变化规律、谐波含量等。对于负载变化剧烈的场合，可能需要选择具有良好过载能力的变压器；而对于含有大量非线性负载的系统，可能需要考虑选用 K 因数变压器以应对谐波影响。第三，安全要求，如防火、防爆等特殊要求。在一些对安全性要求极高的场所，如医院、数据中心等，可能更倾向于选择干式变压器或者充氮密封的油浸式变压器。第四，维护便利性，需要考虑日常检查和维修的难易程度。例如，对于一些难以经常进行维护的场所，可能需要选择免维护或低维护需求的变压器类型。第五，环保要求，需要考虑噪声、电磁辐射、可能的油泄漏等环境影响。随着环保要求的日益严格，选择低噪音、低电磁辐射，使用环保绝缘介质的变压器正成为一种趋势。例如，在室内环境或有特殊防火要求的场所，干式变压器可能是更合适的选择；而在户外变电站或大容量应用中，油浸式变压器可能更具优势。对于需要频繁调压的场合，可能需要有载调压变压器。在一些特殊应用中，如牵引变电所，可能需要特殊设计的牵引变压器来满足铁路供电的特殊需求。

变压器的选型是一个需要考虑多方面因素的复杂过程。正确的选型不仅能确保电力系统的安全可靠运行，还能优化系统性能，提高能源利用效率，降低运营成本。因此，在进行变压器选型时，需要电气工程师充分了解系统需求，深入分析各种变压器类型的特点，并结合具体应用场景做出最优选择。

二、变压器的效率与性能评估

变压器的效率是评估其性能的关键指标之一。变压器效率通常定义为输出功率与输入功率之比。一个理想的变压器效率应接近100%，但实际上，由于存在各种损耗，变压器的效率总是小于100%。影响变压器效率的主要因素为铁损和铜损。

铁损，也称为空载损耗，主要是磁滞损耗和涡流损耗。磁滞损耗与磁芯材料的性质有关，可以通过选用高质量的硅钢片或非晶合金等材料来降低损耗。非晶合金材料由于特殊的非晶态结构，具有极低的磁滞损耗，能显著提高变压器的效率。涡流损耗则可以通过增加硅钢片的电阻率或减小其厚度来减少。现代变压器通常采用高电阻率的取向硅钢片来减少涡流损耗。

铜损，也称为负载损耗，主要是绕组中的欧姆损耗。铜损与负载电流的平方成正比，可以通过增加导线截面或采用低电阻率的导体材料来降低。在一些大容量变压器中，甚至采用并联导线或箔绕技术来减少铜损。此外，优化绕组结构，减少漏磁通，也能在一定程度上降低铜损。

变压器的效率计算公式如下：

$$\eta = (P_{out}/P_{in}) \times 100\% = \left[P_{out}/(P_{out} + P_{Fe} + P_{Cu}) \right] \times 100\% \quad (4-1)$$

式中，η 为效率，P_{out} 为输出功率，P_{in} 为输入功率，P_{Fe} 为铁损，P_{Cu} 为铜损。

注意，变压器的效率会随着负载率的变化而变化。通常，变压器在 75% 到 100% 的额定负载范围内效率最高。因此，在选择变压器容量时，应尽量使其在高效率区间运行。

除效率外，变压器的性能评估还包括以下几个重要方面：

1. 电压调节率

电压调节率反映变压器在负载变化时维持输出电压稳定的能力。计算公式为：

$$\varepsilon = \left[(U_2 - U_{20})/U_{20} \right] \times 100\% \quad (4-2)$$

式中，U_2 为额定负载时的次级电压，U_{20} 为空载时的次级电压。

电压调节率越小，说明变压器的电压稳定性越好。对于配电变压器，通常要求电压调节率不超过 5%。

2. 阻抗电压

阻抗电压反映变压器的短路阻抗特性，影响系统的短路电流和电压调节特性。通常用百分数表示，如 6%。阻抗电压越大，短路电流越小，但电压调节性能也会降低。在选择变压器时，需要根据系统要求选择合适的阻抗电压值。例如，对于需要并联运行的变压器，其阻抗电压应尽可能接近，以确保负载均分。

3. 温升

温升反映变压器在运行过程中的发热情况，直接影响变压器的使用寿命和安全性。主要包括绕组平均温升、绕组最热点温升和油面顶层温升等。温升越高，绝缘材料的老化速度越快，变压器的使用寿命越短。根据 IEC 标准，油浸式变压器的绕组平均温升不应超过 65K，最热点温升不应超过 78K。

4. 噪声水平

噪声水平反映变压器运行时产生的声音大小，是评估其环境友好性的重要指标。变压器噪声主要来源于磁芯的磁致伸缩和绕组的电磁力作用。通常用声压级（dB）表示，要求符合相关标准和环境要求。例如，根据某些国家标准，315kVA 的油浸式变压器在距离变压器外壁 0.3m 处测得的噪声级不应超过 55dB（1）。

5. 过载能力

过载能力反映变压器在短时间内承受超过额定负载的能力，对于应对负载波动具有重要意义。通常以过载倍数和持续时间来表示，如 1.5 倍额定负载持续 2 小时。变压器的过载能力与其冷却方式、环境温度、初始负载等因素有关。例如，ONAN 冷却的变压器通常可以承受 1.3 倍额定负载 1 小时，而ONAF 冷却的变压器可以承受 1.5 倍额定负载 2 小时。正确评估和利用变压器的过载能力，在紧急情况下可以提升运行灵活性，但过度或频繁过载会加速变压器的老化。

在进行变压器性能评估时，通常需要进行一系列测试，主要包括：第一，空载试验。空载试验的目的是测量铁损和空载电流。方法是在变压器一次侧施加额定电压，二次侧开路。测量项目包括空载功率（即铁损）、空载电流、空载电压。空载试验可以反映变压器磁路的性能，是评估变压器质量的重要指标。

第二，短路试验。短路试验的目的是测量铜损和阻抗电压。方法是在变压器一次侧施加约额定电压 5% 的电压，二次侧短路。测量项目包括短路功率（即铜损）、短路电压（即阻抗电压）。短路试验可以反映变压器的负载特性和短路阻抗特性。

第三，温升试验。温升试验的目的是测量变压器在额定负载下的温升情况。方法是在额定负载下长时间运行，直到温度稳定。测量项目包括绕组温升、油面温升、最热点温升等。温升试验是评估变压器热性能和绝缘寿命的重要依据。

第四，绝缘试验。绝缘试验的目的是检验变压器的绝缘性能。方法包括交流耐压试验、雷电冲击试验等。测量项目包括绝缘电阻、介质损耗因数等。绝缘试验是确保变压器安全运行的关键。

第五，噪声测试。噪声测试的目的是测量变压器的噪声水平。方法是在无回声室或半无回声室中，按标准距离测量声压级。噪声测试结果直接关系到变压器的环境适应性。

这些测试可以全面评估变压器的各项性能指标，为其选型和应用提供依据。例如，通过比较不同变压器的损耗数据，可以选择最适合特定应用的高效变压器；通过分析温升数据，可以评估变压器的冷却效果和长期可靠性；通过检查绝缘性能，可以确保变压器在各种工作条件下的安全性。

三、环保型变压器的选型

随着环保意识的增强和能效要求的提高，环保型变压器的选型变得越来越重要。环保型变压器主要有以下优点。

第一是高效节能。采用先进的磁芯材料，如非晶合金或高磁导硅钢，大幅降低铁损。例如，非晶合金变压器的空载损耗可比传统硅钢变压器低70%以上。同时，通过优化绕组设计，如采用箔绕技术，可以有效减少铜损。高效变压器不仅可以降低能源消耗，还能减少碳排放，对环境保护具有重要意义。

第二是低噪音。通过优化结构设计，如采用叠片式磁芯，可以减少磁致伸缩噪声。使用先进的隔音材料和技术，如弹性支撑和隔振设计，可以进一步降低噪声。某些环保型变压器可将噪声水平降低 5 ~ 10dB，显著改善周围环境。

第三是环保材料。使用可回收、无污染的材料，如用植物油代替矿物油作为绝缘油。植物油不仅具有生物降解性，而且具有更高的燃点，提高了安全性。将无卤素材料作为绝缘材料，减少有害物质的使用。这些措施可以减少变压器在生产、使用和报废过程中对环境的负面影响。

第四是小型化。通过提高材料利用率和优化结构设计，减小变压器体积。采用新型冷却技术，如强迫油循环，提高散热效率，实现小型化。小型化设计可减少原材料使用，降低运输和安装成本，同时也减少了对空间的占用。

第五是使用寿命长。采用高质量材料和先进制造工艺，延长变压器的使用寿命。配备智能监测系统，实现预测性维护，避免意外故障。延长寿命可减少更换频率，从而减少资源消耗和废弃物产生。

需要注意，在环保型变压器选型时应考虑以下因素：

1. 能效等级

选择符合或优于当前能效标准的变压器。例如，在某些国家和地区，变压器被分为多个能效等级，选择高能效等级的变压器可以显著降低运行成本。在欧盟，根据 EU/548/2014，从 2021 年 7 月 1 日起，所有新安装的大型电力变压器必须满足 Tier2 能效标准。

2. 全生命周期成本

考虑变压器的初始投资、运行成本、维护成本和报废处理成本。进行全面的经济性评估，包括能源节省、维护简化等带来的长期收益。虽然环保型变压器的初始投资可能较高，但其低损耗特性可以在长期运行中带来显著的经济效益。例如，一台 1000kVA 的非晶合金变压器虽然初始成本可能比传统变压器高 20%～30%，但在 15～20 年的使用寿命中，可以节省的电费足以抵消这部分额外投资。

3. 负载特性

根据实际负载情况选择合适容量的变压器。过大的容量会导致长期低负载运行，降低效率；而容量过小则可能无法满足负载需求。应考虑负载的日变化和季节变化，选择最优的容量配置。例如，对于负载变化较大的场合，可以考虑采用多台小容量变压器并联运行的方式，根据负载情况灵活调整运行台数，以提高整体运行效率。

四、变压器在供配电系统中的作用

变压器在供配电系统中扮演着关键角色，其主要作用如下。

1. 电压转换

变压器能够将电压升高或降低，以适应不同级别电网的要求。在电力系统中，通过多级变压实现从发电、输电到配电的电压转换，最终将电能传输到终端用户。例如，发电厂的升压变压器可以将 13.8kV 升至 500kV，而配电变压器可以将 10kV 降至 400V。这种电压转换不仅实现了电能的高效传输，还确保了用户端的用电安全。

2. 电力传输

通过将电压升高，可以减少输电线路的电流，从而降低线路损耗，实现远距离大容量输电。根据输电功率公式 $P=UI$，在相同的功率下，提高电压可以降低电流。由于线路损耗与电流的平方成正比，所以高电压输电可以显著减少损耗。例如，将电压从 10kV 提高到 500kV，理论上可以将相同功率下的线路损耗降低 99.96%。

3. 电气隔离

变压器的初、次级绕组之间没有电气连接，可以实现电路的电气隔离，提高系统的安全性和可靠性。这种隔离作用既可以防止故障的传播，也可以隔离不同电压等级的系统，保护低压侧设备。例如，在工业应用中，隔离变压器可以有效抑制高频干扰的传播，保护敏感设备。

4. 阻抗匹配

变压器可以改变电路的阻抗特性，实现阻抗匹配，提高功率传输效率。适当选择变压器的变比，可以使负载阻抗在源侧接近源内阻，从而实现最大功率传输。这在一些特殊应用中特别重要，如射频电路和音频系统。

5. 相位调整

某些特殊类型的变压器（如移相变压器）可以调整电压的相位，用于控制功率流向和改善系统稳定性。在电力系统中，移相变压器常用于控制并联线路间的功率分配或跨区域输电线路的功率流向。例如，在一个双回线路中，通过调整一条线路的相位角，可以实现两条线路的功率均衡。

6. 谐波抑制

通过特殊的连接方式（如△/Y 接法），变压器可以抑制某些次数的谐波，改善电能质量。例如，△/Y 接法的变压器可以有效抑制 3 次谐波。在一些非线性负载较多的场合，如大型办公楼或数据中心，这种谐波抑制作用特别重要。

7. 系统保护

变压器的阻抗特性可以限制短路电流，对系统具有一定的短路保护作用。变压器的阻抗可以看作系统中的一个自然阻抗，在故障发生时可以限制故障电流的幅值。这对于系统的安全运行和设备保护都有重要意义。

在供配电系统的不同环节，变压器的具体作用和要求也有所不同。如在发电厂，主变压器将发电机输出的中压电能升压至超高压或特高压，以便于远距离输电。例如，一个大型火电厂的主变压器可以将 18kV 的发电机电压升至 500kV 或更高。这种大容量升压变压器通常采用三相或单相分体结构，配备有载调压装置，以适应电网电压的波动。应用在输电网时，通过变电站的变压器能够实现不同电压等级之间的转换，如 500kV/220kV、220kV/110kV 等。这些变压器通常是大容量的三绕组变压器或自耦变压器，具有高效率和良好的调压能力。例如，一个 500kV 变电站的主变压器可能是 750MVA 容量的 500±2×2.5%/220/35kV 三绕组变压器。

在配电网的应用中，则是通过配电变压器将中压（如 10kV）降至低压（如 400V），供终端用户使用。这类变压器通常容量较小，从几百 kVA 到几 MVA 不等，多采用油浸式或干式结构。例如，一个典型的城市配电变压器可能是 1000kVA、10/0.4kV 的油浸式变压器。而在用户端，某些大型用户可能需要专用变压器来满足特定的用电需求，如工业用户的降压变压器或特种变压器。例如，一个大型工厂可能需要 35/10kV 降压变压器和 10/0.4kV 配电变压器；而一个电解铝厂可能需要特殊设计的整流变压器来提供大电流直流电源。

在设计和运行供配电系统时，变压器的选型和配置直接影响系统的性能和可靠性。需要考虑以下几个方面。

（1）容量配置。根据负载需求和发展预测，合理确定变压器容量。通常采用"N+1"原则，即在一台变压器故障时，其余变压器仍能满足基本供电需求。例如，对于一个 100MVA 的负荷中心，可能会配置 2 台 75MVA 的变压器，这样在一台变压器故障时，另一台仍能承担大部分负荷。同时，还需要考虑负荷的增长趋势，预留适当的裕度。

（2）电压等级选择，根据系统的电压等级和负载特性，选择合适的变压器额定电压。例如，在城市配电网中，常见的配电变压器电压等级为 10/0.4kV 或 35/10kV。在选择时，需要考虑系统的短路容量、电压调节要求等因素。

（3）阻抗匹配。合理选择变压器的阻抗值，以控制短路电流水平和改善电压分布。变压器阻抗对系统的短路电流和电压稳定性有重要影响。例如，对于并联运行的变压器，其阻抗值应尽可能接近，以确保负载均分。

（4）联接组别。根据系统要求选择合适的联接组别，如配电变压器常用的 Dyn11 接法。不同的联接组别对谐波抑制、零序阻抗等特性有不同影响。例如，Dyn11 接法可以有效抑制三次谐波，适用于含有大量单相负载的配电系统。

（5）调压方式。根据电网运行特性选择合适的调压方式，如有载调压或无载调压。对于电压波动较大的系统，可能需要有载调压变压器，以实现在线调压。例如，在大型变电站中，主变压器通常配备有载调压装置，可以根据负荷变化和电网电压波动实时调整变比。

（6）并联运行。在需要并联运行的场合，确保变压器的阻抗、联接组别等参数匹配。并联运行可以提高供电可靠性和灵活性，但要求变压器的特性相近。例如，并联运行的变压器应具有相同的变比、阻抗和联接组别，阻抗差异通常不应超过 10%。

未来，随着新材料、新工艺和新技术的应用，变压器的性能还将不断提升。例如，高温超导变压器的研发可能带来变压器效率的革命性提升；新型固体绝缘材料的应用可能大幅提高变压器的安全性和环保性；而人工智能和大数据技术的深入应用，则可能使变压器具备更强的自适应能力和更高的智能化水平。

第二节　配电设备的设计与应用

配电设备是供配电系统中不可或缺的重要组成部分，其设计与应用直接影响着电力系统的安全性、可靠性和经济性。本节将详细探讨配电设备的种类与功能、配电箱与电气柜的设计以及配电设备的可靠性与维护等，为电气工程师在设计和运行配电系统时提供全面的指导。

一、配电设备的种类与功能

配电设备是用于电能分配、控制和保护的各种电气设备的总称。根据其功能和用途，配电设备可分为多种类型，每种类型都有其特定的作用和应用场景。

1. 断路器

断路器是配电系统中最重要的开关设备之一。其主要功能是在正常和故障状态下切断电路，保护电力系统和用电设备。根据灭弧介质的不同，断路器可分为油断路器、真空断路器、SF6 断路器和空气断路器等。

油断路器利用油的灭弧性能来切断电弧，具有结构简单、价格低廉的优点，但存在易燃、维护工作量大等缺点。这种断路器在中低压系统中曾广泛应用，但现在逐渐被其他类型的断路器所取代。

真空断路器利用真空环境的优良绝缘性能和金属蒸汽的快速冷凝特性来灭弧，具有灭弧性能好、操作次数多、维护简单等优点。真空断路器广泛应用于中压配电系统，特别适用于频繁操作的场合。

SF6 断路器利用 SF6 气体的优良绝缘和灭弧性能，适用于高电压等级，但价格较高且存在环境问题。SF6 断路器在高压和超高压系统中应用广泛，但由于 SF6 气体的温室效应，其使用正在受到越来越多的限制。

空气断路器主要用于低压系统，具有结构简单、维护方便等优点。它利用空气的自然绝缘性能和电弧的自然冷却来实现灭弧，适用于额定电流较大的低压配电系统。

2. 隔离开关

隔离开关的主要功能是在电路断开后形成可见的断开点，以确保检修人员的安全。隔离开关没有灭弧能力，只能在电路无电流或极小电流时操作。根据结构形式，隔离开关可分为单柱式、双柱式和三柱式等。

单柱式隔离开关结构简单，占地面积小，适用于小容量的配电系统。双柱式隔离开关具有良好的机械强度和电气性能，适用于中等容量的系统。三柱式隔离开关则具有较高的机械强度和电气性能，适用于大容量和高电压等级的系统。

3. 负荷开关

负荷开关是一种能够在额定电流下开断电路的开关设备，但不具备短路保护能力。它通常与熔断器配合使用，形成负荷开关—熔断器组合电器，既能进行负荷开断，又能提供短路保护。

负荷开关广泛应用于中压配电系统中，特别是在环网柜等设备中。它的优点是结构简单、价格低廉、维护方便。然而，由于其不具备短路保护能力，因此在大容量系统中的应用受到限制。

4. 熔断器

熔断器是一种靠熔体熔断来切断故障电流的保护装置。根据结构和使用场合的不同，熔断器可分为高压熔断器和低压熔断器。

高压熔断器主要用于保护配电变压器和电容器组。它的优点是动作速度快、限流能力强，缺点是一次性使用，需要更换熔体。高压熔断器通常采用填砂式结构，利用石英砂的灭弧性能来快速切断故障电流。

低压熔断器则广泛应用于低压配电系统中，用于保护线路和设备。低压熔断器根据结构可分为管式熔断器、板式熔断器和刀式熔断器等。其中，刀式熔断器因其更换方便、安全性高等特点在低压配电系统中应用最为广泛。

5. 接触器

接触器是一种电磁操作的开关设备，主要用于频繁接通和分断电路。接触器通常与继电器配合使用，构成控制电路。接触器可以分为交流接触器和直流接触器，根据触头数量还可分为单极、双极和三极接触器等。

接触器的主要优点是操作频率高、寿命长、可远程控制。它广泛应用于电动机控制、照明控制等需要频繁开关操作的场合。然而，接触器不具备过载和短路保护能力，通常需要与其他保护装置配合使用。

6. 互感器

互感器是一种用于测量和保护的变换装置，包括电流互感器（CT）和电压互感器（PT）。

电流互感器用于将大电流按比例转换为小电流，以便测量仪表和保护装置。电流互感器的主要参数包括额定变比、准确级和额定负荷等。根据绝缘方式，电流互感器可分为油浸式、干式和浇注式等不同类型。

电压互感器用于将高电压按比例转换为低电压，同样可以进行测量和保护。电压互感器的主要参数包括额定变比、准确级和额定容量等。电压互感器也可分为油浸式、干式和浇注式等不同类型。

互感器在配电系统中起着重要作用，它们不仅为测量和保护提供准确的电流和电压信息，还实现了高压系统与低压测量、保护设备之间的电气隔离，提高了系统的安全性。

7. 避雷器

避雷器是保护电力设备免受过电压损坏的装置。过电压可能由雷击、操作过电压或系统故障引起。避雷器的工作原理是在过电压出现时，迅速降低其阻抗，将过电压泄放到大地，从而保护其他设备。

根据结构和工作原理，避雷器可分为金属氧化物避雷器（MOA）和放电管型避雷器等。其中，金属氧化物避雷器因其优良的非线性伏安特性和高能量吸收能力，已成为现代电力系统中最常用的避雷器类型。

避雷器在配电系统中的合理配置对于提高系统的绝缘配合水平、降低设备绝缘等级和成本具有重要意义。

8. 电容器和电抗器

电容器和电抗器主要用于无功功率补偿和谐波抑制。

电容器通过提供容性无功功率来提高系统的功率因数，减少线路损耗，改善电压质量。电容器可分为并联电容器和串联电容器。并联电容器主要用于无功补偿，而串联电容器则主要用于长距离输电线路的电压调节。

电抗器则提供感性无功功率，主要用于限制短路电流、抑制谐波、平衡无功功率等。根据用途，电抗器可分为限流电抗器、滤波电抗器、消弧线圈等。

在现代配电系统中，电容器和电抗器常常组成静止无功补偿装置（SVC）

或静止同步补偿器（STATCOM），实现动态无功补偿和电压调节。

这些设备通过通信网络相互连接，实现配电系统的远程监控、故障定位、自动隔离和供电恢复等功能，大大提高了配电系统的运行效率和可靠性。配电设备种类繁多，每种设备都有其特定的功能和应用场景。在设计配电系统时，需要根据系统的电压等级、容量、可靠性要求等因素，合理选择和配置各类配电设备，以实现安全、可靠、经济的配电系统。同时，随着技术的不断进步，配电设备也在向着更加智能、环保的方向发展，这将为未来配电系统的优化和升级提供更多可能性。

二、配电箱与电气柜的设计

配电箱和电气柜是配电系统重要的组成部分，它们集成了各种开关设备、保护装置和控制元件，实现电能的分配、控制和保护功能。合理的配电箱和电气柜设计对于确保配电系统的安全性、可靠性和经济性至关重要。

配电箱设计首先需要考虑负载特性和供电要求。根据负载的容量、类型和重要程度，确定配电箱的额定电压、额定电流和短路耐受时间能力。同时，还需要考虑负载的分布情况，合理划分回路，确保每个回路的负载均衡。在回路设计中，应充分考虑电动机、照明、插座等不同类型负载的特点，选择适当的保护装置和控制方式。

配电箱的结构设计需要考虑安装环境和操作维护的便利性。根据安装场所的条件，可选择壁挂式、落地式或嵌入式等。在内部布局设计时，应遵循"上进下出""高压在上、低压在下"的原则，确保电气安全和便于使用。同时，应预留足够的安装空间和散热通道，考虑未来扩展的可能性。

电气柜的设计则更为复杂，通常包括多个功能单元，如进线单元、母线单元、出线单元等。电气柜的设计需要综合考虑电气性能、机械强度、防护等级、散热性能等多方面因素。在电气设计方面，需要合理选择母线材料和截面，确保足够的载流能力和短路耐受能力。同时，还需要考虑绝缘配合，确保各带电部分之间以及带电部分与地之间的绝缘距离满足要求。

电气柜的机械设计需要有足够的强度和刚度，能够承受短路电动力作用和地震力等外部力的影响。防护设计则需要根据安装环境的要求，选择适当的防护等级，如 IP30、IP54 等。散热设计是电气柜设计中的重点，需要通过合理的通风设计或配置空调装置，确保柜内温度不超过设备的允许范围。

在配电箱和电气柜的设计中，还需要特别注意以下几个方面。

（1）安全性设计：包括采用安全连锁装置、设置防误操作措施、配置可靠的接地系统等。

（2）智能化设计：随着智能电网的发展，配电箱和电气柜正朝着智能化方向发展。可以集成智能测量、监控和通信功能，实现远程监控和管理。

（3）模块化设计：采用模块化设计可以提高灵活性和可维护性，便于未来扩展和更新。

（4）环保设计：选用环保材料，考虑设备的全生命周期环境影响，如采用无卤阻燃电缆、可回收材料等。

（5）美观性设计：在满足功能要求的同时，还需要考虑外观设计，使其与周围环境协调。

三、配电设备的可靠性与维护

配电设备的可靠性直接影响着整个配电系统的安全和稳定运行。提高配电设备的可靠性不仅需要在设计和选型阶段考虑，还需要通过定期的维护和管理来保证。

配电设备的可靠性设计首先需要从设备本身的质量和性能入手。选用高质量的元器件，采用先进的制造工艺，可以从源头上提高设备的可靠性。同时，在设计阶段应充分考虑各种可能的工作条件和故障模式，采取适当的安全防护设计和保护措施。例如，对于关键设备可以采用双重化设计，为重要负荷配置双电源供电等。

在系统层面，需要通过合理的配置和协调来提高整体可靠性。这包括合理的负载分配、保护协调、备用容量设置等。例如，科学的负荷预测和合理的容量配置，可以避免设备长期过载运行；精确的保护整定和协调，可以在故障发生时迅速隔离故障点，缩小影响范围。

配电设备的维护是保证其长期可靠运行的关键。有效的维护策略应包括日常巡检、定期检修等多种方式。日常巡检主要通过视觉检查、听音、测温等方法发现设备的异常状况。定期检修则需要按照规程进行全面的检查和测试，包括绝缘电阻测试、接地电阻测试、继电保护定值校验等。

随着技术的发展，状态检修变得越来越重要。通过在线监测系统实时采集设备的运行数据，结合大数据分析和人工智能技术，可以实现设备状态的实时评估和故障预测。这种方式可以优化维护计划，减少不必要的检修，同时提前发现潜在故障，提高维护的效率和效果。

在维护过程中，需要特别注意以下几个方面。

（1）安全操作：维护人员必须严格遵守安全操作规程，采取必要的安全措施，如挂牌警示、验电、接地等。

（2）备品备件管理：合理配置和管理备品备件，确保在设备发生故障时能够及时更换。

（3）技术培训：定期对维护人员进行技术培训，提高其专业技能和故障处理能力。

（4）维护记录管理：建立完善的维护记录系统，为设备管理和故障分析提供依据。

（5）新技术应用：积极采用新的维护技术和工具，如红外热像仪、局部放电检测仪等，提高维护的精准性和效率。

配电设备的可靠性与维护是一个持续改进的过程。通过收集、分析运行数据和故障信息，可以不断优化设备选型、系统设计和维护策略，持续提高配电系统的可靠性和效率。同时，随着智能电网和物联网技术的发展，配电设备的智能化水平不断提高，这为实现更高效、更可靠的配电系统管理提供了新的可能。

总之，配电设备的设计与应用是一个综合性的工程，需要在满足技术要求的基础上，综合考虑经济性、可靠性、可维护性等多方面因素。通过科学的设计、合理的选型和有效的维护，可以构建一个安全、可靠、高效的现代配电系统，为用户提供优质的电能供应。

第三节　电缆与导线的材料特性与选择

电缆与导线是供配电系统不可或缺的组成部分，负责电能的传输和分配。正确选择和应用电缆与导线对于确保供配电系统的安全性、可靠性和经济性至关重要。本节将详细探讨电缆的种类与应用场景、导线材料的导电特性、电缆的防火性能与保护，为电气工程师设计和实施供配电系统提供全面的指导。

一、电缆的种类与应用场景

电缆是由一根或多根绝缘导线组成的柔软或可弯曲的电力传输线路，通常包括导体、绝缘层、屏蔽层、护套等。根据不同的分类标准，电缆可以分为多种类型，每种类型都有其特定的应用场景。

按电压等级分类，电缆可分为低压电缆、中压电缆和高压电缆。低压电缆额定电压通常为 1kV 及以下，主要用于建筑物内部配电和终端用电设备的连接。这类电缆种类繁多，包括普通聚氯乙烯（PVC）绝缘电缆、交联聚乙烯（XLPE）绝缘电缆等，广泛应用于民用建筑、商业建筑和小型工业设施的供电系统中。中压电缆额定电压通常为 3.6/6kV 至 26/35kV，主要用于城市配电网络和大型工业企业的内部供电系统。中压电缆通常采用 XLPE 绝缘电缆，具有良好的电气性能和机械性能。在城市地下电缆网络中，中压电缆是最常见的电缆类型，用于连接变电站与配电变压器。高压电缆额定电压为 36kV 以上，包括超高压电缆（110kV 及以上），主要用于电力传输系统，如城市电网的主干线路、跨海输电等。高压电缆通常采用先进的绝缘材料和制造工艺，如 XLPE 绝缘、充油纸绝缘等，以满足高电压下的绝缘要求。

按导体材料分类，电缆可分为铜导体电缆、铝导体电缆和铜包铝导体电缆。铜导体电缆导电性能好，机械强度高，抗腐蚀能力强，适用于要求高导电性和可靠性的场合，如大型建筑物的重要供电线路、数据中心的供电系统等。铝导体电缆重量轻，价格相对较低，但导电性能相比铜导体略差，适用于一些对重量敏感或成本敏感的应用场景，如架空线路、大跨度敷设等。铜包铝导体电缆结合了铜和铝的优点，具有较好的导电性能和较低的成本，在一些特殊应用中，如通信电缆、同轴电缆等，铜包铝导体得到广泛应用。

按绝缘材料分类，电缆可分为 PVC 绝缘电缆、XLPE 绝缘电缆和 EPR（乙丙橡胶）绝缘电缆等。PVC 绝缘电缆具有良好的绝缘性能和加工性能，价格相对较低，适用于一般的低压配电系统，如建筑物内部的照明、插座线路等。XLPE 绝缘电缆具有优异的电气性能和热稳定性，适用于中高压电力系统，在城市配电网络和工业供电系统中得到广泛应用。EPR 绝缘电缆具有良好的柔韧性和耐老化性能，适用于一些特殊环境，如高温、潮湿或频繁弯曲的场合。

按结构特点分类，电缆可分为单芯电缆、多芯电缆、同轴电缆和光纤复合电缆等。单芯电缆只有一根导体，通常用于高压系统或大电流传输。多芯电缆包含多根导体，适用于低压配电系统或控制系统，可以减少安装工作量，节省空间。同轴电缆由中心导体和外导体（屏蔽层）组成，主要用于通信和信号传输系统。光纤复合电缆在电力电缆中加入了光纤，可以同时传输电能和通信信号，这种电缆在智能电网中得到越来越多的应用。

按特殊性能分类，电缆可分为防火电缆、防水电缆和耐油电缆等。防火电缆具有特殊的阻燃或耐火性能，适用于对安全性要求较高的场所，如高层建筑、地铁、隧道等。防水电缆具有良好的防水性能，适用于潮湿或水下环境。耐油电缆具有抗油污染的性能，适用于石油化工等行业。

在实际应用中，电缆的选择需要综合考虑多方面因素，如电压等级、负载电流、敷设环境、机械强度要求、防火要求等。例如，在地下变电站中，可能需要选用防水、防火、耐腐蚀的中压 XLPE 电缆；而在普通住宅建筑中，可能主要使用 PVC 绝缘的低压铜芯电缆。

随着技术的发展，一些新型电缆也在不断涌现。例如，超导电缆虽然目前还处于试验阶段，但超低损耗的特性使其在未来大容量、长距离输电中具有潜在的应用前景。另外，智能电缆也是一个发展趋势，通过在电缆中集成各种传感器和通信设备，可以实现电缆运行状态的实时监测和故障预警。这些新技术的应用，正在为电缆系统的安全可靠运行提供新的可能性。

二、导线材料的导电特性

导线材料的选择对电缆的性能和应用有重要影响。不同导线材料具有不同的导电特性，包括电导率、温度系数、机械强度等。了解这些特性对于正确选择和应用电缆至关重要。

铜是最常用的导线材料之一，具有优异的导电性能。纯铜的电导率约为58MS/m，仅次于银。铜导体的优点包括高导电率、良好的机械性能、优异的抗腐蚀性和较低的温度系数。高导电率意味着低电阻损耗，适合长距离传输和大电流应用。良好的机械性能表现在其抗拉强度高，易于加工和连接上。优异的抗腐蚀性使其在大多数环境下能保持良好的性能。较低的温度系数意味着温度变化对电阻的影响相对较小。然而，铜导体也有一些缺点，如相对较高的成本和较大的密度（重量）。在一些对重量敏感的应用中，如架空线路，铜导体可能不是最佳选择。

铝是另一种广泛使用的导线材料。虽然其导电性不如铜，但铝具有一些独特的优势。铝的密度约为铜的1/3，在相同电导率下，铝导体的重量显著小于铜导体。因而铝导体在一些对重量敏感的应用中，如架空输电线路，具有明显优势。铝的价格通常低于铜，使得铝导体在一些大规模应用中更具经济性。虽然铝的导电率（约35MS/m）不如铜，但仍然可以满足许多应用需求。铝导体的主要缺点：较低的机械强度，需要特殊的连接方法和保护措施；易氧化，表面容易形成绝缘的氧化层，影响电气连接；较大的热膨胀系数，温度变化可能导致连接点松动。

铜包铝导体是一种复合导体，由铝芯和铜表层组成。这种导体结合了铜和铝的优点：具有较好的导电性，虽然不如纯铜，但优于纯铝；重量比纯铜导体轻；成本比纯铜导体低；具有良好的抗腐蚀性，铜表层提供了良好的抗腐蚀性能。铜包铝导体在一些特殊应用中得到广泛使用，如通信电缆和同轴电缆。

除了铜和铝，还有一些材料在特定情景中用作导体。银具有最高的导电率，但成本极高，主要用于一些特殊的电子设备。钢导电性能较差，但机械强度高，常用于需要高机械强度的场合，如架空地线。铝合金通过添加其他元素，可以提高铝的机械性能，同时保持较好的导电性。

在选择导体材料时，需要综合考虑多个因素，如电气性能（包括导电率、温度系数等）、机械性能（包括抗拉强度、弹性模量等）、环境适应性（包括抗腐蚀性、耐候性等）、经济性（包括材料成本、安装成本、运行成本等）、重量（在某些应用中，如架空线路，重量是一个重要考虑因素）、可加工性（包括连接、端接等加工的便利性）。

例如，在建筑物内部的低压配电系统中，通常选用铜导体电缆，因为铜具有优异的导电性和可靠性。而在长距离的架空输电线路中，可能选用铝导体或钢芯铝绞线，以降低重量和成本。在一些特殊应用中，如海上风电场的海底电缆，可能需要选用具有特殊防腐蚀性能的导体材料。

随着技术的发展，一些新型导体材料也在不断研究和应用。例如，碳纳米管导体虽然目前还处于研究阶段，但其潜在的高导电性和低密度特性使其在未来可能成为一种有竞争力的导体材料。另外，在超导电缆中，使用的是特殊的超导材料，如铋系或钇系超导体，这些材料在低温下可以实现几乎零电阻的电流传输。

总的来说，导线材料的选择是一个需要综合考虑多方面因素的复杂过程。正确的选择可以显著影响电缆的性能、可靠性和经济性。随着材料科学和制造技术的进步，未来可能会出现更多新型的导体材料，为电缆设计和应用提供更多的选择。

三、电缆的防火性能与保护

电缆的防火性能是确保供配电系统安全可靠运行的重要因素，尤其在高层建筑、地铁、隧道等特殊场所中更为关键。电缆的防火性能主要包括阻燃性、耐火性和低烟无卤特性。

阻燃性是指电缆在遇到火源时不易被点燃，或在被点燃后能够自行熄灭的特性。阻燃电缆的绝缘层和护套通常采用特殊的阻燃材料，如阻燃型 PVC、阻燃型 XLPE 等。这些材料在燃烧时会形成一层炭化层，阻止氧气进入，从而抑制火焰的蔓延。阻燃性的测试方法包括单根垂直燃烧试验、成束垂直燃烧试验等，不同国家和地区可能有不同的测试标准和要求。例如，IEC 60332-1 标准规定了电缆单根垂直燃烧试验的方法和要求，而 IEC 60332-3 则规定了成束电缆垂直燃烧试验的方法和要求。

耐火性是指电缆在火灾条件下能够保持一定时间的供电能力。耐火电缆通常采用特殊的耐火材料，如云母带、陶瓷化硅橡胶等。这些材料在高温下能够形成一层保护层，保护导体不被破坏。耐火电缆的性能通常用耐火时间来表示，如 FE180 表示在标准火焰条件下能够保持 180 分钟的供电能力。耐火电缆主要用于消防设备供电、应急照明系统等关键场合。IEC 60331 标准规定了电缆耐火性能的测试方法和要求。

低烟无卤特性是指电缆在燃烧时产生的烟气量少，且不含有害的卤素气体。传统的 PVC 电缆在燃烧时会产生大量的浓烟和腐蚀性气体，不仅影响人员疏散，还会对设备造成二次损害。低烟无卤电缆采用特殊的材料，如低烟无卤型聚烯烃，在燃烧时产生的烟气量少，且不含有害气体。这种电缆特别适用于人员密集的公共场所和对设备有特殊保护要求的场合。IEC 61034 标准规定了电缆烟密度的测试方法，而 IEC 60754 标准则规定了电缆燃烧时产生气体的酸度和导电性的测试方法。

电缆的防火保护不仅依赖于电缆本身的性能，还需要采取一系列的辅助措施。

（1）防火涂料：在电缆表面涂覆一层防火涂料，可以提高电缆的耐火性能。防火涂料在高温下会膨胀，并形成一层隔热层，保护电缆。这种方法特别适用于已安装电缆的防火改造。

（2）防火隔板：在电缆桥架或电缆沟中安装防火隔板，可以阻止火焰沿电缆桥架或电缆沟蔓延。防火隔板通常由耐火材料制成，如防火石膏板、防火矿物纤维板等。

（3）防火封堵：在电缆穿越防火分区处，需要采用防火封堵材料进行封堵，以维持防火分区的完整性。常用的防火封堵材料包括防火泡沫、防火砂浆、防火包带等。

（4）自动灭火系统：在重要的电缆敷设场所，如电缆隧道，可以安装自动灭火系统，在火灾发生时快速扑灭火源。常用的灭火系统包括气体灭火系统、水雾灭火系统等。

（5）防火电缆桥架：采用具有一定耐火性的电缆桥架，可以在火灾时为电缆提供额外的保护。防火电缆桥架通常由耐火材料制成，或采用特殊的防火设计。

在设计和安装电缆系统时，需要根据建筑物的用途、重要性以及相关规范的要求，选择适当的防火等级和防火措施。同时，还需要考虑电缆的防火性能与其他性能之间的平衡，如成本、柔韧性等。例如，在一般的办公建筑中，可能主要考虑阻燃性能；而在地铁或高层建筑的消防系统中，则可能需要选用具有高度耐火性能的电缆。

第四节　保护装置与计量设备的技术规格

保护装置和计量设备是供配电系统至关重要的组成部分，它们确保了电力系统的安全、可靠和高效运行。本节将深入探讨保护装置的工作原理与类型、短路与过载保护的设备选择、计量设备的精度与技术要求以及智能保护与计量设备的发展趋势，为电力系统工程师提供全面的技术指导。

一、保护装置的工作原理与类型

保护装置是建筑电气工程中确保供配电系统安全、可靠运行的关键设备。其主要功能是在系统发生故障或异常情况时，快速检测并采取相应的保护措施，以减少可能的损失和影响。保护装置的工作原理基于对电气系统各种参数的实时监测和分析，当监测到的参数超出预设的阈值时，触发相应的保护动作。

保护装置的工作原理可以概括为以下几点。

1. 信息采集

保护装置通过各种传感器和变换器，实时采集电气系统的各种参数，如电压、电流、频率、相位等。这些传感器和变换器需要具备高精度、高可靠性和快速响应的特性，以确保采集信息的准确性和及时性。

2. 信息处理

采集到的信息经过模数转换后，由处理单元进行分析和计算。处理单元通常采用数字信号处理技术，能够快速进行复杂的数学运算和逻辑判断。在这个过程中，处理单元会根据预设的保护算法，判断系统是否处于正常状态。

3. 判断决策

处理单元根据分析结果，判断是否需要触发保护动作。这个判断过程不仅要考虑当前的参数值，还要考虑参数的变化趋势和持续时间。例如，对于某些暂态现象，可能需要引入时间延迟来避免误动作。

4. 执行动作

一旦判断需要进行保护，保护装置就会发出相应的控制信号，驱动断路器等执行机构动作，切断故障区域，保护系统安全。

保护装置的类型多种多样，可以从不同角度进行分类。按照保护对象可以分为线路保护、变压器保护、母线保护、发电机保护等。按照保护原理可以分为电流保护、电压保护、阻抗保护、差动保护等。按照技术实现方式可以分为电磁式保护、静态式保护、数字式保护、网络式保护等。

电流保护是最常见的保护类型之一，主要用于检测过电流故障。它又可以细分为瞬时过电流保护、定时限过电流保护、反时限过电流保护等。瞬时过电流保护在检测到电流超过设定值时立即动作，适用于近端短路故障的快速切除。定时限过电流保护在检测到过电流后，经过固定的时间延迟后动作，可以实现不同级别保护的时间配合。反时限过电流保护的动作时间与故障电流大小成反比，可以实现更灵活的保护配合。

电压保护主要用于检测电压异常，包括过电压保护和欠电压保护。过电压保护在系统电压超过设定值时动作，可以防止绝缘击穿等故障。欠电压保护在系统电压低于设定值时动作，可以防止电动机等设备因电压过低而受损。

阻抗保护是一种综合利用电压和电流信息的保护方式，主要用于输电线路保护。它通过计算故障点阻抗来判断故障位置和性质，具有较高的选择性和灵敏度。

差动保护是一种基于电流比较的保护方式，主要用于变压器、母线等设备的保护。它通过比较保护区域两端的电流差值来判断是否发生内部故障，具有很高的灵敏度和选择性。

随着技术的发展，保护装置的实现方式也在不断变化。早期的电磁式保护装置利用电磁感应原理实现保护功能，结构简单但功能单一。静态式保护装置引入了模拟电子技术，提高了保护的精度和可靠性。数字式保护装置采用数字信号处理技术，大大提高了保护的智能化水平和功能灵活性。最新的网络式保护装置则利用通信网络技术，实现了保护信息的广泛共享和协调控制。

保护装置的选择和配置需要综合考虑多种因素，包括系统结构、负载特性、故障类型、保护配合等。在实际应用中，通常需要同时采用多种保护方式，以形成完整的保护系统。例如，对于重要的变压器，可能同时采用差动保护、过电流保护、过负荷保护等多重保护。

保护装置的可靠性是一个至关重要的问题。一方面，保护装置必须能够在故障发生时可靠动作，防止故障扩大；另一方面，又要避免误动作和拒动，防止造成不必要的停电。因此，保护装置通常采用冗余设计、自诊断功能、定期测试等多种措施来确保其可靠性。

总的来说，保护装置是建筑电气工程中不可或缺的设备。随着电力系统复杂度的提高和可靠性要求的增加，保护装置的技术也在不断变化，向着更智能、更可靠、更灵活的方向发展。

二、短路与过载保护的设备选择

短路和过载是供配电系统中最常见的两种故障类型，对系统的安全运行构成严重威胁。因此，选择合适的短路和过载保护设备是建筑电气工程设计中的关键任务之一。

1. 短路保护

短路保护的主要目的是在发生短路故障时，能够快速切断故障电流，防止故障扩大和设备损坏。短路保护设备的选择需要考虑以下几个关键因素：

（1）分断能力。保护设备的分断能力必须大于系统可能出现的最大短路电流。这就要求在设计阶段进行详细的短路电流计算，考虑各种可能的短路情况。计算时需要考虑电源容量、线路阻抗、负载特性等多种因素。

（2）动作时间。短路保护必须能够在故障电流达到危险值之前动作，这就要求保护设备具有足够快的动作速度。对于一些重要设备，可能需要采用瞬时脱扣装置来实现更快的保护。

（3）选择性。在多级保护系统中，要求保护设备能够准确识别故障位置，只切除故障区域，保证其他区域正常供电。这就需要合理设置保护的整定值，并进行详细的保护配合计算。

常用的短路保护设备包括断路器、熔断器、继电保护装置等。断路器是最常用的短路保护设备，既可以作为正常开关使用，又能在发生短路时快速断开电路。熔断器通过熔体的熔断来切断故障电流，结构简单但不可复用。继电保护装置则可以实现更复杂的保护功能，如差动保护、距离保护等。

2. 过载保护

过载保护的主要目的是防止设备长期过载运行导致的过热损坏。过载保护设备的选择需要考虑以下因素。

（1）额定电流。过载保护设备的额定电流应与被保护设备的额定电流相匹配。通常，保护设备的额定电流略大于被保护设备的额定电流，以允许短时过载。

（2）动作特性。过载保护通常采用反时限特性，即电流越大，动作时间越短。这种特性可以允许设备短时过载运行，同时又能防止长时间过载。

（3）热记忆功能。一些先进的过载保护设备具有热记忆功能，可以模拟设备的实际热状态，提供更精确的过载保护。

常用的过载保护设备包括热继电器、电子式过载继电器、带过载保护功能的断路器等。热继电器利用双金属片的热膨胀原理实现过载保护，结构简单但精度较低。电子式过载继电器利用电流互感器和电子电路实现过载保护，精度高且可调整性强。带过载保护功能的断路器则集成了短路和过载保护功能，使用方便。

在实际应用中，短路保护和过载保护通常需要协调配合。例如，在低压配电系统中，常用的热磁式断路器就集成了热磁脱扣器，既能提供短路保护，又能提供过载保护。在选择这类设备时，需要同时考虑短路和过载保护的要求。

此外，随着电力电子技术的发展，一些新型的保护设备也逐渐应用于短路和过载保护。例如，智能电子式断路器可以实现更精确的保护特性设置和故障诊断。限流器可以在短路发生时快速限制故障电流，减轻对断路器的冲击。这些新技术的应用，为短路和过载保护提供了更多的选择和更高的性能。

总的来说，短路与过载保护设备的选择是一项复杂的系统工程，需要综合考虑系统特性、负载要求、保护配合等多种因素。随着技术的进步，保护设备的性能和功能也在不断提升，为建筑电气工程的安全可靠运行提供了保障。

三、计量设备的精度与技术要求

计量设备在建筑电气工程中扮演着重要角色，它不仅是电能计费的基础，也是能源管理和系统监控的重要工具。计量设备的精度和技术要求直接影响到计量的准确性和可靠性，因此受到高度重视。

计量设备的精度是衡量其性能的关键指标。精度通常用误差的百分数来表示，如 0.5 级表示相对误差不超过 ±0.5%。根据应用场合的不同，计量设备的精度要求也有所不同。例如，用于电能交易的关口表通常要求 0.2 级或更高的精度，而普通用户的电能表可能只需要 1 级或 2 级的精度。

为了保证计量精度，计量设备需要满足一系列技术要求。

1. 稳定性要求

计量设备必须在长期使用过程中保持稳定的性能，不出现显著的漂移或老化现象。这就要求计量设备采用高质量的元器件和先进的制造工艺。

2. 环境适应性要求

计量设备需要在各种环境条件下保持正常工作，包括温度、湿度、振动、电磁干扰等。这就需要进行严格的环境试验和电磁兼容性测试。

3. 量程范围要求

计量设备必须能够覆盖实际应用中可能出现的全部量程，并在整个量程范围内保持规定的精度。这就需要合理设计测量电路和选择合适的元器件。

4. 动态响应要求

对于一些特殊应用，如谐波测量或暂态监测，计量设备还需要具备足够快的动态响应能力。这就要求采用高速采样和先进的数字信号处理技术。

5. 通信接口要求

现代计量设备通常需要具备通信功能，以便实现远程抄表和数据分析。常用的通信接口包括 RS485、以太网、无线通信等。

6. 安全性要求

计量设备必须具备足够的电气安全性和信息安全性，防止人为干扰和数据篡改。这就需要采用可靠的绝缘设计方案和加密技术。

随着技术的发展，计量设备的功能和性能也在不断提升。现代计量设备不仅能够测量基本的电能参数，还具有谐波分析、功率质量监测、负荷曲线记录等高级功能。一些先进的计量设备甚至集成了智能分析和预警功能，可以主动识别异常用电行为和设备故障。

在精度方面，高精度计量设备的发展也取得了显著成效。例如，一些最新的电子式电能表可以达到 0.1 级甚至 0.05 级的精度，这在传统的感应式电能表中是难以实现的。这种高精度不仅满足了电能交易的需求，也为精细化的能源管理提供了可能。

计量设备的校准和检定是保证其精度的重要手段。通常，计量设备在投入使用前需要进行初次检定，之后还需要定期进行复检。校准和检定的方法和周期需要严格按照相关标准和规范执行。例如，对于关口计量装置，通常要求每年至少进行一次检定。

总的来说，计量设备的精度与技术要求是一个综合性的问题，涉及测量原理、电子技术、通信技术、标准规范等多个方面。随着技术的进步和应用需求的提高，计量设备的性能和功能也在不断发展，为建筑电气工程的精确计量和高效管理提供了强有力的支持。

四、智能保护与计量设备的发展趋势

随着智能电网和物联网技术的快速发展，智能保护与计量设备正在成为建筑电气工程的新趋势。这些设备不仅具备传统保护和计量功能，还集成了通信、控制、分析等多种高级功能，为电力系统的智能化管理提供了强大支持。在计量设备方面，智能化发展显著。

1. 高精度测量

现代智能计量设备采用先进的数字信号处理技术，能够实现更高精度的测量。一些高端智能电能表的精度可以达到 0.1 级或更高，远超传统机械式电能表的精度。

2. 多参数测量

智能计量设备不仅能测量基本的电能参数，还能测量电压、电流、功率因数、谐波等多种电气参数。一些先进的设备甚至能够测量功率质量指标，如电压波动、闪变、三相不平衡度等。

3. 负荷管理功能

智能计量设备通常具备负荷曲线记录功能，能够详细记录用电负荷的变化过程。这些数据对于用电分析和需求侧管理非常有价值。一些设备还具备最大需量控制功能，可以帮助用户优化用电模式。

4. 远程抄表

智能计量设备通常具备远程通信功能，支持自动抄表系统（AMR）或高级计量体系（AMI）。这不仅提高了抄表效率，也为实时电价和需求响应等新型电力市场机制提供了技术支持。

5. 防窃电功能

一些智能计量设备集成了先进的防窃电技术，如电流平衡检测、磁场干扰检测等，能够有效防止人为的窃电行为。

　　智能保护与计量设备的发展还体现在其系统集成能力上。这些设备通常采用标准化的通信协议，如 IEC 61850、DNP3 等，能够方便地与其他智能设备和系统集成。这为建立统一的智能化管理平台提供了可能。

　　总的来说，智能保护与计量设备的发展正在推动建筑电气工程向更智能、更高效、更可靠的方向变革。这不仅提高了电力系统的运行效率和安全性，也为新型电力市场和能源管理模式的实现提供了技术支撑。随着技术的不断进步和应用经验的积累，智能保护与计量设备必将在未来的建筑电气工程中发挥更大的作用。

第五章 供配电系统的安装与调试过程

第一节 安装前的规划与准备

供配电系统的安装是一项复杂而关键的工程，其成功与否直接影响到整个电力系统的安全性、可靠性和效率。为确保安装工作的顺利进行，必须进行周密的规划和充分的准备。本节将详细讨论安装前的规划与准备工作，包括现场勘察与电气需求分析、安装计划的制订与优化、材料与设备的准备与检验以及安装前的技术培训与安全检查。

一、现场勘察与电气需求分析

现场勘察是供配电系统安装前的首要工作，其目的是全面了解安装环境，收集必要的现场数据，为后续的设计和安装工作提供依据。现场勘察通常包括地理环境勘察、建筑结构勘察、既有电力设施勘察和周边环境勘察等方面。

地理环境勘察涉及地形、地质条件、气候特征等因素。这些因素将影响设备的选型、布置和防护措施。例如，在多雨地区可能需要加强防水设计，而在地震多发区则需要考虑抗震措施。建筑结构勘察包括对建筑物的结构类型、承重能力、可用空间等信息的收集。这些信息对于确定设备的安装位置和方式至关重要。例如，变压器的安装位置需要考虑建筑物的承重能力和散热条件。

　　既有电力设施勘察主要针对在现有系统上进行改造或扩建的情况。需要详细了解现有设备的型号、容量、运行状况等信息，以确保新旧系统的兼容性和协调性。周边环境勘察则是对周边建筑物、道路、水源等情况的调查。这些因素可能影响设备的运输、安装和后期维护。

　　电气需求分析是在现场勘察的基础上进行的，其目的是准确把握用户的需求，为系统设计提供依据。电气需求分析通常包括负荷容量分析、负荷特性分析、电能质量需求分析、供电可靠性需求分析和未来发展需求分析等内容。

　　详细的现场勘察和电气需求分析，可以为后续的系统设计和安装工作奠定坚实的基础，有助于避免设计偏差和安装问题，提高工程质量和效率。

二、安装计划的制订与优化

　　安装计划是指导整个安装过程的重要文件，它确定了安装的具体步骤、时间安排、资源分配等内容。一个科学合理的安装计划可以显著提高安装效率，减少错误和返工，确保工程质量和安全。安装计划的制订与优化通常包括工作分解结构（WBS）的建立、安装顺序的确定、时间进度安排、资源分配，以及制订质量控制计划、安全管理计划和风险管理计划等方面。

　　工作分解结构的建立是将整个安装工作分解为若干个工作包，明确每个工作包的内容、目标和责任人。这有助于清晰地把握整个安装过程，便于管理和控制。例如，可以将安装工作分为变电站安装、线路敷设、控制系统安装等几个大的工作包，然后细分为具体的工作项目。

　　需要根据技术要求和现场条件，确定各个工作包的先后顺序和并行关系。一般来说，变电站的土建工程应先于电气设备安装，主变压器的安装应先于开关设备的安装等。合理的安装顺序可以避免相互干扰，提高工作效率。

　　时间进度安排是为每个工作包分配时间，制订详细的进度计划。可以使用甘特图或网络图等工具来表示和管理进度计划。在制定时间进度时，需要考虑设备到货时间、天气、资源限制等影响因素。

　　资源分配是根据工作量和进度要求，合理分配人力、设备、材料等资源。

需要注意的是，资源分配应考虑资源的可用性和使用效率，避免资源过度集中或闲置。质量控制计划为制定详细的质量控制措施，包括各个阶段的检查点、检查内容、检查标准等。质量控制计划应覆盖安装过程的各个环节，确保最终安装质量符合要求。

安全管理计划涉及制定安全管理措施，包括安全教育、安全防护、应急预案等。供配电系统安装涉及高压电设备，安全管理尤为重要。风险管理计划则是识别潜在的风险因素，制定相应的预防和应对措施。常见的风险包括天气影响、设备延期到货、技术难题等。

在制订初步安装计划后，需要进行优化。优化的目的是在满足技术要求和质量标准的前提下，最大限度地提高安装效率，降低成本。优化的主要方法包括关键路径分析、资源平衡、并行作业优化、标准化和模块化、预制和预装以及技术方案优化等。

通过科学的计划制订和持续的优化，可以确保供配电系统的安装工作有序进行，最大限度地提高工作效率和质量。同时，良好的安装计划也为后续的调试和运行维护工作奠定了基础。

三、材料与设备的准备与检验

材料与设备的准备与检验是供配电系统安装前的关键环节，直接影响到安装的质量和进度。这个过程包括材料和设备的选择、采购、运输、存储和检验等多个方面。

材料和设备的选择应基于系统设计要求和现场实际情况。需要考虑的因素包括电气参数（如电压等级、容量、短路电流等）、环境条件（如温度、湿度、海拔等）、安装条件（如空间限制、重量限制等）以及经济性等。选择时应优先考虑符合国家标准和行业标准的产品，同时也要考虑产品的可靠性、维护性和供应商的服务能力。

采购过程中，应严格执行采购计划和质量控制程序。需要制定详细的技术规格书，明确产品的技术参数、性能要求、试验标准等。对于关键设备，可能需要进行出厂检验或见证试验。在签订采购合同时，应明确产品的交货期、质保期、技术服务等条款。

材料和设备的运输是一个容易被忽视但非常重要的环节。特别是对于大型设备（如变压器、开关柜等），需要制定详细的运输方案，包括运输路线、运输工具、吊装方式等。运输过程中应采取必要的防护措施，如防震、防潮、防尘等，以确保设备不会在运输过程中受损。

到货后的存储也需要特别注意。应根据不同材料和设备的特性，采取适当的存储措施。例如，电缆应存放在干燥、通风的环境中，避免阳光直射；变压器应保持直立状态，避免倾斜或倒置。对于贵重或易损设备，可能需要采取特殊的保护措施，如恒温恒湿存储、防盗监控等。

材料和设备的检验是确保质量的重要手段。检验应贯穿于采购、运输、存储和安装的全过程。主要的检验内容如下。

（1）到货检验：检查设备的外观、数量、型号是否与订单相符，有无运输损坏。

（2）技术参数检验：核实设备的技术参数是否符合设计要求和技术规格书。

（3）功能检验：对关键设备进行功能测试，确保其基本功能正常。

（4）绝缘检验：对电气设备进行绝缘电阻测试，确保绝缘性能符合要求。

（5）文件检查：核实随机文件是否完整，包括产品合格证、说明书、试验报告等。

对于检验中发现的问题，应及时与供应商沟通，制定解决方案。对于不合格的材料和设备，应明确标识并隔离存放，防止误用。

通过严格的材料与设备准备与检验，可以有效保证供配电系统安装的质量，减少安装过程中可能出现的问题，为系统的安全可靠运行奠定基础。

四、安装前的技术培训与安全检查

安装前的技术培训和安全检查是安装工作顺利进行的重要保障。技术培训旨在提高安装人员的专业技能和对项目的理解，而安全检查则是为了防范可能的安全风险，保护人员和设备的安全。

1. 技术培训

技术培训应针对具体项目的特点和要求进行设计。培训内容通常包括以下几个方面。

（1）项目概况：介绍项目的背景、目标、规模、特点等，使安装人员对项目有整体认识。

（2）技术规范：讲解相关的技术标准、规范和规程，确保安装过程符合要求。

（3）设备知识：介绍主要设备的结构、原理、性能和安装注意事项。

（4）安装工艺：详细讲解各类设备的安装方法、步骤和质量控制要点。

（5）工具使用：培训特殊工具和仪器的使用方法，如扭矩扳手、绝缘电阻测试仪等。

（6）安全知识：强调安全操作规程，介绍常见的安全隐患和防范措施。

培训方式可以是课堂讲解、现场演示、模拟操作等多种形式的结合，以提高培训效果。对于关键岗位或复杂操作，可能需要进行考核，确保相关人员完全掌握必要的技能。

2. 安全检查

安全检查是安装工作开始前的最后一道防线。安全检查应覆盖人员、设备、环境等各个方面，主要包括以下内容。

（1）人员检查：确认所有参与安装的人员都经过了必要的培训和资质认证；检查个人防护装备（如安全帽、绝缘手套、安全带等）是否齐全且状态良好；核实特殊作业人员（如电工、焊工等）的操作证是否有效。

（2）设备检查：检查安装所需的工具、仪器是否齐全，是否在有效的校准期内；确认大型设备（如吊车、升降平台等）已经过安全检查和试运行；检查临时用电设备（如电焊机、手持电动工具等）是否符合安全要求。

（3）环境检查：检查施工现场的安全标识是否清晰、完整；确认施工区域的隔离措施是否到位，防止无关人员进入；检查消防设施是否齐全有效，疏散通道是否畅通；对于高空作业，检查安全网、防护栏等设施是否牢固可靠。

（4）作业条件检查：确认天气条件是否适合施工，特别是对于户外或高空作业；检查照明条件是否满足施工需求，特别是对于夜间或室内作业；确认通风条件是否良好，特别是对于密闭空间作业。

（5）应急准备检查：确认应急预案是否制定并已向所有相关人员传达；检查应急设备（如急救箱、灭火器等）是否齐全有效；确认应急联系方式是否明确，并已在现场公示。

安全检查应由专门的安全管理人员负责，并形成书面记录。对于检查中发现的问题，应立即采取纠正措施。只有在所有安全隐患都得到妥善处理后，才能开始安装工作。此外，还应建立动态的安全管理机制。在整个安装过程中，应定期进行安全检查，及时发现和解决新出现的安全问题。同时，应鼓励所有参与人员积极报告安全隐患，营造"人人重视安全"的工作氛围。通过全面的技术培训和严格的安全检查，可以大大降低安装过程中的安全风险，提高安装质量和效率。这不仅能够保护参与人员的生命安全，也能够确保设备的完整性，为供配电系统的长期可靠运行奠定基础。

安装前的规划与准备是供配电系统安装工作的关键环节。通过详细的现场勘察与电气需求分析，可以准确把握项目的实际需求和限制条件。科学的安装计划的制订与优化可以提高安装效率，减少错误和返工。严格的材料与设备准备与检验过程可以保证安装质量，减少潜在问题。而全面的技术培训和严格的安全检查则可以确保安装工作的安全顺利进行。这些前期准备工作虽然可能耗费一定的时间和资源，但它们对于项目的整体成功至关重要。良好的准备可以大大减少安装过程中可能遇到的问题，节省时间和成本，提高工程质量。因此，在供配电系统安装项目中，应该给予安装前的规划与准备足够的重视和投入。

同时，还需要注意的是，安装前的规划与准备不是一次性的工作，而应该是一个动态的过程。在安装过程中，可能会遇到各种意料不到的情况，这就要求能够及时调整计划，灵活应对变化。因此，应该建立一个反馈机制，及时收集和分析安装过程中的信息，不断优化和完善安装计划。安装前的规划与准备工作还应该考虑到后续的调试、运行和维护需求。例如，在设备布置时应考虑预留足够的操作和维护空间，在材料选择时应考虑备品备件的可获得性等。这种前瞻性的考虑可以大大提高系统的长期可靠性和可维护性。安装前的规划与准备工作还应该注重与各相关方的沟通和协调。这包括业主、设计单位、供应商、监理单位等。良好的沟通可以确保各方对项目有一致的理解，避免后续可能出现的矛盾和争议。

　　总之，供配电系统安装前的规划与准备是一项系统性的工作，需要综合考虑技术、安全、经济、管理等多个方面的因素。通过科学的规划和充分的准备，可以为供配电系统的顺利安装和长期可靠运行奠定坚实的基础。这不仅能够提高工程质量，降低安全风险，还能够优化资源利用，提高经济效益，最终实现供配电系统的高效、可靠和安全运行。

第二节　供配电设备的安装工艺

　　供配电设备的安装是整个供配电系统建设过程的核心环节，其质量直接影响系统的安全性、可靠性和经济性。本节将探讨供配电设备的安装工艺，包括变压器与配电设备的安装要点、电缆的敷设与接线要求、接地系统的施工工艺以及安装过程中常见问题与解决方案。通过系统性地介绍这些关键技术，为电力工程人员提供全面的指导。

一、变压器与配电设备的安装要点

　　变压器作为供配电系统的核心设备，其安装质量直接影响整个系统的性能和寿命。变压器的安装过程通常包括基础准备、设备就位、附件安装、油处理和调试等步骤。基础准备阶段需要考虑变压器的重量、尺寸以及可能的震动，对于油浸式变压器还需要考虑漏油的收集和处理。基础通常采用钢筋混凝土结构，表面应平整、水平，并具有足够的承载能力。在基础上通常会预埋固定螺栓，用于固定变压器。基础完工后，需要进行沉降观测，确保沉降量在允许范围内。

　　变压器的就位是一个复杂的吊装过程，需要专业的吊装设备和经验丰富的操作人员。在吊装前，需要仔细检查变压器的外观，确保没有运输损伤。吊装时应使用变压器上专门设计的吊耳，吊装过程中应缓慢平稳，避免剧烈晃动。就位后，需要精确调整变压器的水平和垂直位置，确保与基础完全吻合。

变压器的附件包括冷却器、储油柜、温度计、压力释放阀等。这些附件的安装需要按照厂家说明书进行，确保安装位置正确，连接紧密。特别注意的是，在安装过程中要防止杂质进入变压器内部。对于一些需要现场组装的大型变压器，还需要进行绕组的装配和连接，这是一个高度专业的过程，需要由经验丰富的技术人员完成。

对于油浸式变压器，油处理是一个关键步骤。首先需要对变压器油进行真空滤油处理，去除水分和气体。然后在真空状态下向变压器注油，注油过程应缓慢均匀，避免产生气泡。注油完成后，需要进行密封性试验，确保无漏油现象。

配电设备的安装同样需要遵循严格的工艺要求。以开关柜为例，其安装过程通常分为基础准备、设备就位、内部安装、接线和调试等步骤。开关柜的基础通常采用槽钢或工字钢，需要保证水平和平整度。基础应具有足够的承载能力，并考虑电缆进出的空间。开关柜的就位需要注意柜体的垂直度和水平度。多个柜体之间需要严格对齐，并用螺栓紧固连接。柜体与基础之间也需要牢固连接，通常采用焊接或螺栓固定的方式。

开关柜内部设备的安装需要按照设计图纸和厂家说明书进行。要特别注意各种开关、保护装置的安装位置和连接方式。所有连接应确保紧固可靠，避免出现松动。开关柜的内部接线是一个复杂的过程，需要严格按照接线图进行。所有连接应使用合适规格的导线，并采用压接或螺栓连接的方式。接线完成后，需要进行通电测试，验证接线的正确性。开关柜安装完成后，需要进行一系列的调试和测试，包括绝缘电阻测试、功能测试、保护装置整定等。这些测试可以确保开关柜的各项功能正常。

在变压器和配电设备的安装过程中，还需要特别注意安全防护、防潮防尘、防震措施、通风散热和防腐处理等方面。通过严格遵循这些安装要点和工艺要求，可以确保变压器和配电设备的安装质量，为供配电系统的安全可靠运行奠定基础。

二、电缆的敷设与接线要求

电缆是供配电系统中连接各个设备的重要部分，其敷设和接线的质量直接影响系统的可靠性和安全性。电缆的敷设方式主要包括直埋、管道敷设、电缆沟敷设和桥架敷设等，不同的敷设方式有其特定的技术要求。

直埋敷设是将电缆直接埋入地下的方法。这种方法投资较少，但维修不便。在直埋敷设时，需要注意埋设深度、电缆保护、回填材料和弯曲半径等方面。一般低压电缆的埋设深度不小于0.7m，高压电缆不小于1m。在电缆上方应铺设警示带或保护板，防止外力损坏。回填材料应采用细沙或细土，避免尖锐物体损坏电缆。同时，还需确保电缆弯曲半径不小于允许值，通常为电缆外径的15~20倍。

管道敷设是将电缆敷设在预先埋设的管道中。这种方法便于后期维护和更换，但初期投资较大。管道敷设需要注意管道规格、弯曲半径、防水措施和牵引力控制等方面。管道内径应大于电缆外径的1.5倍，管道弯曲半径应大于电缆允许的最小弯曲半径。管道两端需要采取防水密封措施，在牵引电缆时，应控制牵引力，防止损坏电缆。

电缆沟敷设是将电缆敷设在专门的沟槽中。这种方法便于检修和扩容，但土建投资大。电缆沟敷设需要注意排水设计、通风设计、防火设计和支架设计等方面。电缆沟应有良好的排水系统，防止积水。对于大容量电缆，需考虑通风散热。同时，需设置防火分隔和灭火系统。电缆应固定在支架上，支架间距通常为1~2m。

桥架敷设是将电缆敷设在金属或非金属桥架上。这种方法适用于工业厂房、地下室等场所。桥架敷设需要注意桥架载荷、电缆固定、防火要求和分层敷设等方面。桥架的承载能力应大于所有电缆的总重量。电缆应固定在桥架上，防止滑动。穿越防火分区时，需要采取防火封堵措施。不同电压等级的电缆应分层敷设，高压电缆宜位于上层。

在电缆敷设过程中，还需要特别注意温度控制、相序排列、接地要求和标识要求等方面。冬季敷设时，应注意电缆的最低敷设温度，必要时进行预热。三相电缆应按规定的相序排列，以减少涡流损耗。金属护套和屏蔽层应按规定进行接地。应在电缆两端和中间适当位置设置标识牌，注明电缆型号、电压等级、始终点等信息。

电缆的接线是另一个关键环节，直接影响到电气连接的可靠性。电缆接线主要包括端头制作、导体连接、绝缘处理、接地连接和标识等步骤。电缆端头制作是一个精细的工艺过程，需要严格按照工艺要求进行，包括剥除外皮、清理、绝缘处理、接地线连接和安装端头等。导体连接是确保电气连接可靠性的关键，主要的连接方式包括压接、焊接和螺栓连接等。无论采用哪种连接方式，都需要确保连接点的接触良好，导电性能稳定。

导体连接完成后，需要对连接点进行适当的绝缘处理。常用的方法包括绝缘胶带缠绕、热缩套管和注胶式接头等。对于带金属护套或屏蔽层的电缆，需要正确处理接地连接。接地连接的方式应根据系统要求和电缆类型来确定，常见的方式包括单点接地、多点接地和交叉互联等。在接线完成后，需要在适当位置设置标识，注明相序、电压等级等信息，以便于后期维护和检修。

严格遵循这些电缆敷设和接线要求，可以确保供配电系统的电气连接可靠、安全。这不仅能够提高系统的运行可靠性，还能延长电缆的使用寿命，降低维护成本。

三、接地系统的施工工艺

接地系统是供配电系统安全运行的重要保障，其施工质量直接影响到整个系统的安全性和可靠性。接地系统的施工工艺主要包括接地网的设计与布置、接地极的埋设、连接件的安装以及接地电阻的测试与处理等方面。

接地系统可分为以下五类。

1. TN-C 系统

TN-C 系统属于三相四线系统，该系统中性线 N 与保护接地 PE 合二为一，通称为 PEN 线。该系统对接地故障灵敏度高，且线路经济简单，但是只适用于三相负荷较平衡的场所，会使设备外壳（与 PEN 线连接）带电，对人身安全构成威胁，也无法取到一个合适的电位基准点，精密电子设备无法准确可靠运行。因此 TN-C 接地系统不适合做智能建筑的接地系统。

2. TN-C-S 系统

TN-C-S 系统由两部分组成，一是 TN-C 系统；二是 TN-S 系统，分界面在 N 线与 PE 线的连接点。该系统一般用在建筑物的供电由区域变电所引来的场所，进户之前采用 TN-C 系统，进户处做重复接地，进户后变成 TN-S 系统。PE 线连接的设备外壳及金属构件在系统正常运行时，始终不会带电。TN-S 接地系统明显提高了安全性，如果采取接地引线，从接地体一点引出，并且选择正确的接地电阻值，使电子设备共同获得一个等电位基准点等措施，那么 TN-C-S 系统可以作为智能建筑的一种接地系统。

3. TN-S 系统

TN-S 属于三相四线加 PE 线的接地系统。当建筑内设有独立变配电所时，通常进线采用该系统。该系统的特点是中性线 N 与保护接地线 PE 除了在变压器中性点共同接地，不再有电气连接。中性线 N 带电，PE 线不带电。该系统完全具备安全性和可靠性。对于计算机等电子设备没有特殊的要求时，一般智能建筑都采用这种接地系统。

4. TT 系统

TT 系统一般被称为三相四线接地系统。常用于来自公共电网的建筑供电。TT 系统的特点是中性点接地与 PE 线接地是分开的。系统在正常运行时，不管三相负荷平衡与否，在中性线 N 带电情况下，PE 线不会带电。但是因为公共电网的电源质量不高，不能满足智能化设备的要求，所以 TT 系统很少被智能建筑采用。

5. IT 系统

IT 系统被称为三相三线式接地系统，该系统变压器中性点不接地或经阻抗接地，无中性线 N，只有线电压（380V），无相电压（220V），保护接地线 PE 独立接地。优点是：当一相接地时，不会使外壳带有较大的故障电流，系统可以照常运行。缺点是：不能配出中性线 N。不适用于拥有大量单相设备的智能建筑。

接地网的设计与布置是接地系统施工的首要任务。接地网的设计需要考虑建筑物的结构特点、土壤电阻率、预期故障电流等因素。通常采用网格状布置，网格的大小和导体的截面需要通过计算确定。在布置时，应尽量使接地网覆盖整个建筑物的底面积，并在建筑物周围形成闭合回路。对于一些特殊区域，如变压器、开关柜等设备的安装位置，可能需要加密网格或增加接地极。

接地极的埋设是接地系统施工的核心环节。常用的接地极包括垂直接地极（如接地棒）和水平接地极（如扁钢、圆钢等）。垂直接地极的埋设通常采用打入法或钻孔法，埋设深度一般不小于 2.5m，多根接地极之间的距离不应小于其长度。水平接地极通常埋设在地下 0.6m 以下，采用人工开挖沟槽或机械开挖的方式。在埋设过程中，需要注意保护接地极表面的镀层，防止损坏。

连接件的安装是确保接地系统电气连续性的关键。常用的连接方式包括焊接、压接和螺栓连接等。焊接是最可靠的连接方式，但需要注意防止焊接过程中损坏接地体的镀层。压接和螺栓连接适用于一些不便于焊接的场合，但需要定期检查和维护，防止松动。无论采用何种连接方式，都需要确保连接点的接触电阻低，导电性能稳定。

接地电阻的测试与处理是验证接地系统性能的重要步骤。接地电阻的测试通常采用三点法或四点法，测试时应选择在干燥天气进行，以获得最不利条件下的接地电阻值。如果测得的接地电阻值超过设计要求，需要采取降阻措施。常用的降阻方法包括增加接地极数量、加大接地网面积、改善土壤电阻率（如加入降阻剂）等。

四、安装过程中常见问题与解决方案

在供配电设备的安装过程中，可能会遇到各种问题。及时识别和解决这些问题，对于确保安装质量和系统的安全运行至关重要。以下是一些常见问题及解决方案。

1. 设备基础不平整

问题：设备基础的平整度不符合要求，可能导致设备安装后不稳定或受力不均。

解决方案：使用水平仪仔细检查基础平整度，对不平整处进行修整。可以采用灌浆或调整垫片的方式来改善平整度。对于严重不平整的情况，可能需要重新浇筑基础。

2. 设备进场时发现损坏

问题：设备在运输或吊装过程中可能发生损坏。

解决方案：仔细检查损坏程度，轻微损坏可在现场修复，严重损坏需要与厂家联系更换。同时，应查明损坏原因，防止类似问题再次发生。

3. 电缆敷设时弯曲半径过小

问题：电缆弯曲半径小于允许值，可能导致电缆内部结构损坏。

解决方案：重新规划电缆路径，确保弯曲半径符合要求。必要时可以使用大半径的弯管或增加中间接线箱来解决空间限制问题。

4. 接地网连接点腐蚀

问题：接地网连接点被腐蚀，影响接地效果。

解决方案：清除腐蚀部分，重新进行连接。采用更耐腐蚀的连接材料或加强防腐处理。定期检查和维护接地系统，防止腐蚀问题再次发生。

5. 设备间隙不足

问题：设备之间或设备与墙壁之间的间隙不足，影响散热或操作维护。

解决方案：重新调整设备布局，确保满足规范要求的最小间隙。必要时可能需要调整建筑设计或选用更加适配的设备。

6. 电缆标识不清

问题：电缆标识缺失或不清晰，增加了后期维护的难度和错误操作的风险。

解决方案：按照规范要求重新设置清晰、耐久的电缆标识。建立完善的电缆管理系统，确保标识与实际一致。

7. 设备接线错误

问题：设备接线不符合设计图纸要求，可能导致设备无法正常工作或存在安全隐患。

解决方案：仔细核对设计图纸和设备说明书，纠正错误接线。加强对安装人员的培训，提高专业技能和责任意识。实施多级检查制度，及时发现并纠正错误。

8. 防雷接地不合格

问题：防雷接地系统的接地电阻超标或连接不可靠。

解决方案：增加接地极数量或改善土壤条件以降低接地电阻。检查并加固所有连接点，确保电气连续性。必要时可能需要重新设计和调整防雷接地系统。

9. 设备调试时发现功能异常

问题：在设备调试过程中发现某些功能无法正常发挥。

解决方案：仔细检查设备的安装和接线，确保符合厂家要求。检查设备参数设置是否正确。如果问题仍然存在，可能需要厂家技术支持或更换设备。

10. 安装完成后发现空间布局不合理

问题：设备安装完成后发现空间布局不合理，影响操作或维护。

解决方案：评估调整的可能性和成本。对于影响不大的问题，可以通过优化操作流程来解决。如果问题严重，可能需要重新布置设备，这可能涉及较大的工程量和较高的成本。

及时识别和解决这些常见问题，可以确保供配电设备的安装质量，减少后期运行和维护中可能出现的问题。同时，总结这些问题和解决方案的经验，可以不断完善安装工艺，提高未来项目的实施效率和质量。

第三节　系统的调试流程与测试方法

供配电系统的调试是确保系统安全、可靠运行的关键环节。本节将详细探讨供配电系统的调试流程与测试方法，包括调试的步骤与关键参数、保护装置的测试与调整以及系统联调与试运行。通过系统性地介绍这些关键技术，为电力工程人员提供全面的指导。

一、调试的步骤与关键参数

供配电系统的调试是一个系统性、阶段性的工作，需要按照一定的步骤和顺序进行。调试过程中，需要重点关注一些参数，这些参数直接反映了系统的运行状态和性能。

调试的第一步是设备单体调试。这个阶段主要针对各个独立的设备进行检查和测试，确保每个设备都能正常工作。具体包括设备外观检查、绝缘电阻测试、接地电阻测试、功能测试等。外观检查主要是确认设备的完整性和安装位置的正确性。绝缘电阻测试用于检查设备的绝缘性能，通常使用兆欧表进行测量。接地电阻测试则是检查设备的接地是否良好，保证设备运行安全。功能测试则是根据设备的特性进行相应的操作测试，如断路器的分合闸测试、继电器的动作测试等。

第二步是系统分部调试。这个阶段将相关的设备连接成一个子系统进行调试，如变压器及其附属设备的调试、开关柜及其保护装置的调试等。在这个阶段，需要重点关注设备之间的配合是否正常，如控制回路的正确性、保护装置的整定值是否合适等。同时，还需要进行一些系统级的测试，如电压互感器和电流互感器的极性测试、变压器的联结组别测试等。

第三步是系统联合调试。这个阶段将整个供配电系统连接起来进行综合调试。主要包括系统的带电测试、负载测试、保护装置的联合测试等。在这个阶段，需要重点关注系统的整体性能，如电压质量、功率因数、谐波含量等。同时，还需要进行一些特殊工况下的测试，如大负载启动测试、短路测试等，以验证系统在各种条件下的性能和可靠性。

在调试过程中，需要重点关注电压参数、电流参数、功率参数、频率参数、绝缘参数、接地参数、温度参数以及电能质量参数。这些参数反映了系统的运行状态、负载情况、能量传输效率、绝缘状况、安全性能以及供电质量。对这些关键参数进行测试和分析，可以全面评估供配电系统的运行状态，及时发现和解决潜在问题，确保系统的安全、可靠运行。

二、保护装置的测试与调整

保护装置是确保供配电系统安全运行的重要设备，其正确性和可靠性直接关系到整个系统的安全。保护装置的测试与调整是一项复杂而重要的工作，需要深入理解保护原理和系统特性。

保护装置的测试主要包括整定值测试、动作特性测试、逻辑功能测试、通信功能测试、电流互感器和电压互感器的极性测试以及绝缘测试。整定值测试验证保护装置各项保护功能的整定值是否正确。动作特性测试检查保护装置在各种故障条件下的动作特性。逻辑功能测试验证保护装置的逻辑控制功能是否正确。通信功能测试检查保护装置的通信接口和协议是否正常。电流互感器和电压互感器的极性测试确保接线正确，这对于保护装置的正确动作至关重要。绝缘测试检查保护装置的绝缘性能。

在进行保护装置测试时，需要注意：仔细研究保护装置的技术说明书和整定值单，使用专业的测试设备，严格遵守操作规程，必要时进行实际系统试验。

保护装置的调整主要涉及整定值的调整和逻辑功能的调整。整定值的调整需要考虑系统参数、设备参数、保护配合、运行方式和安全裕度等因素。逻辑功能的调整通常涉及软件参数的设置，需要根据系统的实际需求进行配置。

在完成保护装置的测试和调整后，需要进行全面的功能验证，确保所有保护功能都能正确动作。同时，还需要编制详细的测试报告和整定值单，作为后续运行维护的依据。科学、严谨的保护装置测试与调整，可以确保供配电系统的保护功能正常、可靠，为系统的安全运行提供有力保障。

三、系统联调与试运行

系统联调与试运行是供配电系统调试的最后阶段，也是最为关键的阶段。这个阶段的主要目的是验证整个系统的协调性和可靠性，确保系统能够在各种运行条件下正常工作。

系统联调通常包括系统充电、空载运行测试、负载切换测试、保护装置联合测试、自动控制功能测试、通信系统测试和应急预案演练。系统充电是逐步给系统各部分充电，需要密切观察各设备的运行状态；空载运行测试主要观察系统的电压稳定性和频率稳定性；负载切换测试观察系统在负载变化时的响应特性；保护装置联合测试验证保护装置的协调性和可靠性；自动控制功能测试检查系统的自动控制功能，如自动电压调节、自动功率因数调节等；通信系统测试确保系统与监控中心的通信正常；应急预案演练验证系统在紧急情况下的应对能力。

试运行是系统正式投入使用前的最后验证阶段。试运行期间需要对系统进行全面监测，记录各项运行参数，观察系统在各种工况下的表现。同时，还需要进行一些特殊测试，如大负载启动测试、突加突减负载测试等。试运行期间如发现问题，需要及时分析原因并采取相应的改进措施。

在系统联调与试运行过程中，需要特别注意：严格执行操作规程，确保人身和设备安全；详细记录各项参数和事件，为后续分析提供依据；建立有效的沟通机制，确保各方信息及时、准确传递；制定详细的应急预案，做好突发事件的应对准备。

通过系统联调与试运行，可以全面验证供配电系统的性能和可靠性，为系统的正式投入运行奠定坚实基础。同时，这个过程也是对系统设计和安装质量的最终检验，可以及时发现和解决潜在问题，确保系统的长期安全、稳定运行。

在系统联调与试运行过程中，还需要关注以下几个重要方面。

1. 电能质量评估

这包括对电压偏差、电压波动、三相不平衡度、谐波含量等指标的全面测量和分析。电能质量直接影响到用电设备的正常运行和使用寿命，因此需要确保各项指标都符合相关标准的要求。如果发现电能质量问题，需要及时采取相应的改进措施，如调整无功补偿装置、安装谐波滤波器等。

2. 系统稳定性分析

这包括静态稳定性和动态稳定性的分析。静态稳定性主要关注系统在小扰动下的响应特性，如负载小幅变化时的电压和频率变化。动态稳定性则关注系统在大扰动下的行为，如大负载突然投入或切除时系统的响应。通过稳定性分析，可以评估系统的鲁棒性，确定系统的稳定运行边界，为系统的安全运行提供重要依据。

3. 能效评估

这包括对系统损耗的测量和分析，如变压器损耗、线路损耗等。通过能效评估，可以识别系统中的能耗热点，为后续的节能改造提供方向。同时，还需要评估系统的功率因数，确保其在合理范围内，必要时调整无功补偿装置。

4. 可靠性评估

这包括对系统各组成部分可靠性指标的统计和分析，如平均故障间隔时间（MTBF）、平均修复时间（MTTR）等。通过可靠性评估，可以识别系统中的薄弱环节，为后续的维护和改进提供依据。同时，还需要评估系统的备用容量和冗余度，以使设备故障或维护时仍能保证供电的连续性。

5. 环境影响评估

这包括对系统运行产生的噪音、电磁辐射等环境因素的测量和评估。需要确保这些环境影响指标符合相关法规和标准的要求。如果发现问题，需要及时采取改进措施，如增加隔音设施、调整设备布局等。

在系统联调与试运行的最后阶段，需要进行全面的文档整理和移交工作。这包括编制详细的试运行报告，记录系统的各项性能指标、存在的问题及解决方案等。同时，还需要整理系统的技术文档，包括设计图纸、设备说明书、测试报告、操作手册等，并进行移交。这些文档将为系统的后续运行和维护提供重要的参考。

全面、系统的联调与试运行，可以确保供配电系统的各项性能指标都达到设计要求，为系统的正式投入运行和长期可靠运行奠定坚实的基础。这不仅能够提高供电的质量和可靠性，还能够优化系统的运行效率，最终实现安全、高效、环保的电力供应。

第四节　安装后的验收标准与维护策略

供配电系统的安装完成后，验收和后续维护是确保系统长期安全、可靠运行的关键环节。本节将详细探讨供配电系统安装后的验收标准、验收过程中常见的问题及处理方法、系统的日常维护策略以及长期运行中的检修与升级策略。

一、设备与系统的验收标准

供配电系统的验收是一个全面、系统的过程，需要对系统的各个方面进行详细检查和测试，以确保系统符合设计要求和相关标准。验收标准通常包括设备验收标准和系统验收标准两个方面。

设备验收标准主要针对系统中的各个独立设备，如变压器、开关设备、电缆等。对于变压器，验收标准通常包括以下几个方面：外观检查、绝缘电阻测试、变比测试、空载损耗和空载电流测试、短路阻抗和负载损耗测试、油质检测（对于油浸式变压器）等。这些测试项目旨在验证变压器的各项性能指标是否符合设计要求和相关标准。对于开关设备，验收标准通常包括外观检查、绝缘电阻测试、主回路电阻测试、操作性能测试、机械特性测试等。这些测试项目旨在验证开关设备的绝缘性能、导电性能、操作可靠性等。电缆的验收标准通常包括外观检查、绝缘电阻测试、直流耐压试验、交流耐压试验（对于高压电缆）等。这些测试项目旨在验证电缆的绝缘性能和机械完整性。

系统验收标准则是针对整个供配电系统的综合性验收。这通常包括以下几个方面。

（1）系统配置验收：检查系统的实际配置是否与设计文件一致，包括设备数量、型号、参数等。

（2）系统功能验收：验证系统的各项功能是否正常，包括保护功能、控制功能、监测功能等。

（3）系统性能验收：测试系统的各项性能指标，如电压质量、功率因数、谐波含量等。

（4）系统可靠性验收：通过模拟各种运行工况和故障情况，验证系统的可靠性和稳定性。

（5）系统安全性验收：检查系统的各项安全措施是否到位，包括接地系统、防雷系统、安全标识等。

（6）文档验收：检查系统的各项技术文档是否完整、准确，包括设计图纸、设备说明书、试验报告、操作手册等。

在进行验收时，需要严格按照验收标准和程序进行，并详细记录验收过程和结果。对于不符合要求的项目，需要及时提出整改要求，并在整改完成后重新验收。只有当所有验收项目都符合要求时，才能认为系统验收合格。

验收标准的制定需要参考相关的法规、标准和规范，同时也要考虑项目的具体要求和特点。常见的参考标准包括国家电力行业标准、IEEE 标准、IEC 标准等。此外，还需要考虑当地电力公司的具体要求。

验收过程中，需要使用各种专业的测试设备和仪器，如绝缘电阻测试仪、变比测试仪、电能质量分析仪等。这些设备需要定期校准，以保证测试结果的准确性。

验收工作通常由专业的验收团队进行，团队成员应包括电气工程师、安全工程师、质量控制工程师等。在验收过程中，设备供应商和安装单位的技术人员也应该到场，以便及时解答问题和进行必要的调整。

二、验收过程中常见问题与处理方法

在供配电系统的验收过程中，可能会遇到各种问题。及时发现和解决这些问题，对于确保系统的安全性和可靠性至关重要。

1. 常见的问题及处理方法

（1）设备参数不符合要求：这可能是设备选型不当、制造质量问题或运输损坏等原因造成。处理方法是首先确认问题的具体原因，如果是选型问题，需要重新选择合适的设备；如果是质量问题，需要与供应商沟通，要求更换或修理；如果是运输损坏，需要启动相关的保险理赔程序。

（2）系统功能不完善：这可能是设计缺陷、程序错误或设备配置不当等原因造成。处理方法是首先明确功能缺失的具体原因，然后根据原因采取相应的措施，如修改设计、更新程序、调整设备配置等。

（3）电能质量问题：这可能是电压偏差、谐波含量超标、三相不平衡等。处理方法是首先进行详细的电能质量分析，找出问题的根源，然后采取相应的改进措施，如调整无功补偿装置、安装谐波滤波器、平衡负载分布等。

（4）保护装置整定不当：这可能导致保护装置无法正确动作或发生误动作。处理方法是重新进行保护整定计算，调整保护装置的整定值，并进行全面的功能测试。

（5）文档不完整或不准确：这可能影响系统的后续运行和维护。处理方法是要求相关方补充和修正文档，确保文档的完整性和准确性。

（6）安全措施不到位：这可能是安全标识缺失、防护设施不完善等。处理方法是补充必要的安全设施和标识，确保符合相关安全规范的要求。

2. 注意事项

（1）问题的处理应该遵循"安全第一"的原则。对于可能影响安全的问题，必须优先处理。

（2）问题处理应该采取系统性的方法。不仅要解决问题本身，还要分析问题产生的根源，采取预防措施，避免类似问题再次发生。

（3）问题处理过程中应该加强沟通协调。可能需要设计单位、施工单位、设备供应商等多方共同参与，因此需要建立有效的沟通机制，确保信息传递的及时性和准确性。

（4）问题处理后需要进行验证。对于已处理的问题，需要重新进行相关测试或检查，确保问题已经得到彻底解决。

（5）问题处理的全过程应该详细记录，包括问题描述、原因分析、处理措施、验证结果等。这些记录不仅是验收的重要依据，也是系统后续运行维护的宝贵资料。

及时、有效地处理验收过程中的各种问题，可以确保供配电系统在正式投入运行前达到设计要求和相关标准的要求，为系统的安全、可靠运行奠定基础。

三、供配电系统的日常维护策略

供配电系统的日常维护是确保系统长期安全、可靠运行的关键。有效的日常维护可以及时发现和解决潜在问题，延长设备寿命，从而提高系统可靠性。供配电系统的日常维护通常包括巡视检查、设备测试、预防性维护、运行参数分析、安全管理和文档管理等几个方面。

巡视检查是日常维护的基本内容，应覆盖系统的所有主要设备和区域，包括变电站、配电室、电缆沟道等。巡视内容包括设备外观检查、运行参数检查、环境状况检查和安全设施检查。巡视频率应根据系统的重要性和设备的特性确定，通常主要设备每日巡视一次，其他设备可能每周或每月巡视一次。

运行参数分析可以帮助了解系统的运行状况，预测潜在问题。主要包括负载分析、电能质量分析和能耗分析。运行参数分析通常每月进行一次，对于重要系统可能需要更频繁的分析。

安全管理是日常维护的重要组成部分，主要内容包括安全教育、安全检查和应急演练。安全管理应该贯穿于日常维护的各个环节，确保维护工作的安全进行。

文档管理对于日常维护至关重要。需要建立和维护设备台账、运行记录、维护记录和故障记录等文档。这些文档不仅是日常维护的重要依据，也是进行故障分析和系统优化的宝贵资料。

在实施日常维护时，需要注意维护工作应严格按照相关规程和标准进行，注重系统性和预防性，与系统运行紧密结合，充分利用现代技术手段，并建立持续改进的机制。通过科学、系统的日常维护，可以保证供配电系统的安全、可靠运行，延长设备使用寿命，提高系统的经济性和可靠性。

四、长期运行中的检修与升级策略

供配电系统在长期运行过程中，需要进行定期检修和适时升级，以保持系统的可靠性和适应不断变化的需求。检修与升级工作需要综合考虑设备状况、运行环境、负载变化、技术进步等多方面因素，制定科学合理的策略。

检修工作是在日常维护基础上进行的更为全面和深入的维护活动。检修通常分为定期检修和状态检修两种方式。定期检修按照预定的时间进行，而状态检修则根据设备的实际运行状况来决定。检修内容通常包括设备的全面检查、测试、清洁、调整、修理或更换等。对于主要设备如变压器、开关设备等，检修时可能需要进行解体，以全面了解设备的内部状况。

在进行检修前，需要制订详细的检修计划，包括检修项目、检修顺序、所需工具和材料、安全措施等。检修过程中应严格遵守相关规程和标准，确保检修质量和安全。检修完成后，需要进行全面的功能测试和试运行，确保设备恢复到良好的工作状态。同时，应详细记录检修过程和结果，为未来的维护工作提供参考。

系统升级是为了提高系统性能、增加新功能或适应新的运行要求而进行的改造活动。升级可能涉及硬件更新、软件升级或系统结构调整等。常见的升级项目包括更换老旧设备、增加系统容量、提高自动化水平、改善电能质量、增强系统可靠性等。

在进行系统升级时，需要首先进行详细的需求分析和可行性研究。需要考虑的因素包括现有系统的状况、未来的负载需求、新技术的应用前景、投资回报等。升级方案的制定应充分考虑系统的整体性和兼容性，避免因局部升级导致系统不协调。

升级工作通常需要在系统停电的情况下进行，因此应精心安排升级时间和顺序，尽量减少对正常供电的影响。在升级过程中，需要采取严格的质量控制措施，确保升级工作的质量。升级完成后，需要进行全面的测试和试运行，验证升级效果并及时发现和解决潜在问题。

对于长期运行中的检修与升级工作，还需要特别注意以下几点：首先，检修与升级工作应该与日常维护工作紧密结合，形成一个完整的维护体系；其次，检修与升级工作应该注重经济性分析，在保证系统可靠性的同时，尽量控制维护成本；再次，检修与升级工作应该注重新技术、新材料的应用，不断提高系统的技术水平；最后，检修与升级工作应该重视经验总结和知识积累，不断完善维护策略和方法。

　　通过科学合理的检修与升级策略，可以有效延长供配电系统的使用寿命，不断提高系统的性能和可靠性，确保系统能够持续满足不断变化的供电需求。

第六章　智能建筑与自动化供配电系统

第一节　智能建筑的概念界定与技术进展

随着全球经济的不断发展，智能技术得到了更为广泛的应用。而智能建筑（Intelligent Building，IB）的出现拉开了全世界建造智能家居的序幕，将大大减少总建设能耗量。智能建筑与自动化供配电系统密切相关，二者相辅相成，共同提升建筑物的智能化水平。智能建筑利用先进的传感器、物联网、人工智能等技术，集成了供配电、照明、安防、通信等多种子系统，实现对建筑环境的自动化控制与优化。自动化供配电系统作为智能建筑的关键基础设施，通过智能化控制和能源管理，有效分配和调节电力，确保建筑各功能模块的高效运行，并提高了能源利用效率与安全性。二者的有机结合不仅提升了建筑的可持续性和用户体验，也推动了现代建筑行业的技术革新与发展。

一、智能建筑的概念

从本质上来说，本节所重点研究的智能建筑是一种将通信、现代建筑艺术、智能型计算机、控制、多媒体等技术有机整合起来，再进行信息资源的管理以及设备的自动监控，使用户的建筑环境以及信息服务实现完美结合，最终达到投资合理目的的建筑模式，同时智能化建筑物还具备便利、高效、舒适、灵活以及安全等特征。对智能建筑所给出的定义，较具代表性的如下。

（1）美国智能建筑协会（American Intelligent Building Institute，AIBI）结合前人研究成果认为，智能建筑能够为用户创造良好的经济效益以及利用效率高的优良环境，是由楼宇、建筑结构、管理水平以及供应四个部分构成的。

（2）欧洲智能建筑集团把智能建筑定义为，智能建筑不仅能够以最低的投资费用充分利用智能建筑资源，还可以为用户提供一个效率高、反应快的空间，使其能够完成业务工作。

（3）日本智能建筑研究会把智能建筑定义为，智能建筑不仅可以运用全面自动化系统进行管理，确保环境的安全性以及舒适性，而且能够提升工作的效率，具有通信以及商业功能。

（4）国际智能工程学会把智能建筑定义为，智能建筑应具有良好的使用性能，且能够舒适、安全、综合以及系统地增加投资节能的利用率，还需要最大限度满足用户的需求。在用户的建筑物设计中满足舒适、安全以及便捷等条件。

（5）新加坡把智能建筑定义为，首先，智能建筑不仅可以为居民提供安全、舒适的居住环境，可通过科技手段对灯光、温度、湿度等进行调节，在消防方面也同样有着较为理想的性能表现；其次，信息化建设水平较高，可实现楼宇内的信息传输，最后，有非常强大的通信能力以及充足的对外通信设备。

（6）中国把智能建筑定义为，多技术系统以及多学科等综合集成是智能建筑的主要特征。国家标准对智能建筑的阐述是，建筑物具有楼宇管理、信息化应用、信息设施以及公共安全等系统，该建筑物还具有优化、管理以及服务的功能，为我们创造更加环保、节能、高效的生活和工作环境。

从整体上来说，当前阶段各国主要从本国的建筑特色的角度对智能建筑进行定义。

二、智能建筑中电气系统的基本组成

办公自动化（Office Automation System，OAS）、通信自动化（Communication Automation System，CAS）以及楼宇自动化系统（Building Automation System，BAS）这三种系统简称为 3A 系统，正是这种 3A 系统构成了智能建筑。

1. 楼宇自动化系统

楼宇自动化系统能够控制智能建筑的所有机电设备，这些机电设备包含照明、供热、供配电、通风、给排水、空气调节以及电梯等。楼宇自动化系统运用信息通信网络能够构建分层管理、集中监视以及成层级控制的设施，充分激发整个设备的潜能，时刻对机电设备的运行参数进行检测以及记录等，同时还要对其机电设备的运行状态进行监督。

智能建筑中的所有机电设备会因为环境的变化、外界各种因素以及负载的改变等对设备进行调控，通过调整设备的运行时间以及运行的情况来增加设备寿命，并借此减少设备的能耗，通过实现以上条件，就能大大减少设备的总成本，同时改善人们的工作环境。

2. 通信自动化系统

计算机网络、通信系统以及接入系统，共同构成了完整的通信自动化系统。在实际的应用过程中，通信自动化系统的核心是中央集控器，利用了数字远程控机和网络布线。该系统可和卫星通信系统、互联网系统相连。在部分文献资料中将其称为通信网络系统 CA/CNS（Communication Network System）。在实际的应用过程中，通信自动化系统可为用户提供建筑物内的多种媒体流传输服务，并且在和外部网络连接之后，也为建筑物内外通信提供了强有力的支持。尤其是数据网络的应用，更是将外界互联网和建筑物内部网络有机整合起来，对于建筑物整体信息化水平的提升具有重要意义，值得我们关注和重视。

3. 办公自动化系统

各类终端、文字处理机、声像存储装置、高性能传真机、个人计算机、多功能电话机和主计算机，以及用于网络设备以及信息传输的系统、应用以及工具等软件构成了办公自动化系统，不仅可以实现办公事务的自动化处理，还可以极大地提高个人或群体的工作效率，有着广泛的应用前景。

4. 综合布线系统

综合布线系统（PDS）不仅可以为高层建筑物内部通信提供强有力的支持，而且支持建筑群内的数据传输。该系统在实际的应用过程中，不仅可以帮助通信网络设备与外部进行通信，还能使建筑物之群间或者建筑物内部的自动化管理系统、语音系统、信息交换设备系统、数据通信设备系统以及物业管理系统等相互联系，这种内部与外部的联系使综合布线系统可以结合实际需求调整功能和服务。

综合布线系统有较好的通用性，这种性能优势为其高效整合多种媒体创造了良好的技术条件，这种通用性主要体现在计算机网络以及语音的通信方面。利用综合布线各系统，将独立的功能以及独立的资料有机结合在一起，实现系统集成化、资源共享以及信息综合利用的目的。

5. 系统集成中心

系统集成中心（SIC）的主要作用是综合管理各类信息，以及对智能化系统的各类信息进行汇总，系统集成中心的功能如下。

（1）能够确保系统间各类信息通信和交换，能够使接口界面规范化、标准化，能够对建筑物相关信息进行汇总。

（2）综合管理建筑物的系统。

（3）具有通信和信息处理的功能，能够实时处理建筑物内的各类信息。

三、智能建筑中的电气系统应用

我国在建筑电气智能化方面的发展相对较慢，真正的智能化建筑还很少。从我国建筑中很少使用综合布线系统就可见一斑。

智能建筑电气系统主要由门禁、暖通空调、电梯拖拽、照明系统、安防监控、给排水、水泵风机等构成。照明系统以及暖通空调系统等用电设备组成电能供配电网，而这个电能供配电网通过运行分配调度设备、继电保护控制屏、开关柜、电缆以及电力变压器等为这些电气设备供应电源。智能建筑电气系统实现节电目的需要进行的工作主要有设备的改造、保证楼宇的智能服务、新技术设计的应用、机电设备工作维护管理以及进行用电监测等。

智能建筑电气系统的主要应用如下。

1. 智能建筑自动化管理系统

主要指利用现代最新技术实现对建筑物的智能控制与管理，以满足用户对建筑物的监控、管理和信息共享的需求，使建筑具有安全舒适、高效、节能、环保等特性。

2. 冷、热电联产系统

智能建筑冷热电联产分布式电源（BCHP）供电模式是一种运行可靠、能耗小、成本低的能源供应系统。BCHP 就是由小型分布式的 BCHP 和供配电大电网共同组成的一种智能建筑。目前，智能建筑冷、热电联产分布式电源在上海市浦东国际机场以及黄浦区中心医院等地的应用取得重大的进展。未来，智能建筑冷热电联产分布式电源将会成为相关专家研究的重点。

3. LED 照明系统

照明系统的耗电量是建筑物总耗能的一种重要的组成部分，通过提高照明系统的节能性能，使用高利用率的节能灯具和光源等能够大大减少照明系统的能耗量。现阶段的节能灯具主要研究的对象是 LED 光源，LED 具有发光光谱范围广，能源利用率高以及寿命长等特点。但是 LED 节能灯与普通照明系统相比成本较高，而且相比荧光类节能灯具，还存在能源利用率较低的问题，有待相关专家进一步研究、改善。

4. 智能建筑电气输配电系统

在开展智能建筑电气供配电设计工作时，必须充分考虑现场的各种因素会对配电系统的影响，并通过各部分的使用情况分析用电设备的工作状况。通过分析并计算用电的负荷容量等参数，能够使用电设备实现节能目标，从而达到降低耗能的目的。还需考虑智能建筑电气供配电系统中的变压器的状态，变压器异常，可能会引起能源利用率低，造成电能浪费等。

为使智能建筑供配电系统实现节能的目的，需要进行如下操作。一是选择合适的电压，主要是在电气设备的用电情况下确保电压值最小，电压值最小才能达到能耗小的目的；二是确保电气系统的简单可靠，保证各系统的集成性以及整体性；三是供配电的布线，选择短直的布线能够减少耗电量，同时还可以使变电所靠近负荷中心，将电气竖井建立在压配电房旁边，这都能够大幅度提高系统的效率，同时确保供电的可靠性。

四、智能化建筑电气技术发展现状

电气技术在建筑界的最初应用是初级的电压变压、布线等，后来通过采取漏电保护措施减少了用电故障，然后通过控制技术、通信技术、微电子技术等实现了对剩余电流的监控，以及超大电流的切断和统一管理。由此可见，建筑电气技术已由过去单一的强电系统发展成为强电弱电结合的综合性应用系统。

在我国，建筑电气技术的理念与实践均在改革开放后取得了飞跃式发展。1982年，电气行业意识到建筑电气技术细化独立的必要性，使其不再是土建的依附性技术，当年成立的中国建筑工程总公司也成立了专门的建筑电气部门。十年之后，国家建设局推行了民用建筑电气设计的相关规范（JGJ/T16-1992）。之后我国经济持续发展，城市化进程推动了建筑工程和建筑电气的应用，也促使国家质监局推行了建筑电气工程施工质量的相关验收性标准（GB50303-2002）。国际上，1992年国际电工委（IEC）也发布了多项标准（IEC60364）。在学术教育方面，我国一些重点大学也开始开设建筑电气相关专业，比如同济大学在1985年开设的"建筑电气工程"，1997年开设的"智能建筑电气技术"，福州大学、东南大学、重庆大学等开设的"建筑电气与智能化"专业等。新世纪以来我国电气行业与国际电工委员会相关标准的接轨，这使我国电气行业的各类技术更加标准化。2005年，考虑到我国从事建筑电气行业的专业人士越来越多，同时技术性要求也越来越高，国家建筑学会开设了注册电气工程师资格认证考试。

在建筑智能化理念逐步被业界认同的背景下，我国也陆续发布了针对智能化建筑的一些规范。1995年7月，华东建筑设计研究院发布了针对上海市的智能建筑设计标准，其他省市也纷纷效仿，由此几乎所有的省市都发布了类似的标准，为智能化建筑的设计提供了参考。2000年，建设部编制了国家级的智能建筑设计标准（GB/T50314—2000），同年也发布了建筑物综合布线和布线验收的相关规范（GB/T50311—2000、GB/T50312—2000），发布了建筑物防雷设计标准。这些标准推动了我国智能化建筑的有序发展。2004年，建设部重新修改了《信息系统防雷设计规范》（GB/T50343-2004）。

21世纪10年代以来，伴随着我国城镇化的快速发展，我国建筑电气的应用迈上了新台阶，对于具有特殊功能的建筑物，比如医院门诊楼、小区建筑、学校建筑、体育馆、公寓等都有细化的要求，这也推动了智能化的建筑电气技术的发展。

五、智能建筑电气系统的常见问题

1. 变压器节能问题

配电变压器不仅是电能的分配以及调度的重要设备，还是供配电网与供配电系统间进行电能转换的媒介。其中，变压器在智能建筑中通常是以35KV引入配电网，但以10KV向机电设备传输电能。变压器以及负载的损耗量大，且配电变压器缺乏维护使其出现老化现象，这些状况使配电变压器的能耗量增长。同时变压器工作时间增加以及现代化的加快，不少配电变压器将面临淘汰的局面。

为解决上述问题，可以考虑变压器最高效率对其进行选型设计，该选型设计需要全面考虑变压器的高效性、运行方式、运行环境温度、运行技术性以及运行经济性等。考虑以上因素可以大大避免变压器选型的容量不合适问题，从而确保配网变压器工作的安全性，同时还能减少系统的电能总损耗。

2. 供配电线路节能问题

各种型号供配电导线电缆已经广泛应用于智能建筑中。因为电线线路很多，建筑电气系统在进行输配电时会消耗大量的有功功率，所以降低线路的损耗量具有极其重要的作用。

建筑中经常会出现大量电能浪费现象，主要是由绝缘体老化、布线出现迂回混乱、导线截面的选择不合适等问题引起的。且因为机电设备系统对电能需求量大大提高，而以前的线路截面与系统正常工作时所需的截面不完全符合，这种情况不仅影响了系统的工作可靠性，整个线路电能损耗也会明显的增加，公众也需要承担更高的电费，同时也不利于环保节能。

3. 照明系统节能问题

照明系统通过灯光方便和美化生活，从而使人们在学习以及工作时保持愉悦的心情，减少学习以及工作等压力。传统的照明系统在设计理念和方法方面并未与现代建筑发展可靠地接轨，所以，智能建筑电气系统中还存在选出的灯具类型不合适、智能照明系统光源选择不适当、能耗较大、设计的照度没有达标、综合的服务较差、控制管理性能较差以及匹配性能较差等问题。这些问题的出现不仅会使照明系统的电能能损耗量大，而且限制了其的灯光效果，进而使人们的工作和学习受到一定影响。不少地区仍旧使用早期的智能建筑，如白炽灯；早期的智能建筑的使用会对节能经济的发展产生极大影响。

4. 电机拖拽系统节能问题

电机拖拽系统不仅是一个巨大的能耗系统，还是建筑服务方面较人性化的表现形式。在实际操作中，电机拖拽系统存在系统维护水平低以及自动化技术不成熟等问题，这些问题还会使电能能耗量大大增加，使电机拖拽系统一直工作在低效的环境中。

5. 日常运行维护管理措施节能问题

实际生活中，不少智能建筑中常常出现：用电设备未能得到较好安置，一直处于工作状态浪费大量电能；很多人没有节能意识，经常忘记关风扇、关灯、关电脑以及关空调，使空调、电脑、灯具、风扇等一直处于工作的状态；空调温度控制不合适，不仅会降低舒适度，同时还会白白浪费电能。所以，应该提高学生、办公室人员以及居民等的节能意识，同时还需要加强对系统的维护，以提升能源利用效率。

第二节　自动化供配电系统设计与节能方案

电气自动化技术就是通过相关设备的自动操作来减少电力工程的人工操作，这样不仅能在一定程度上节省人工成本，还能有效地提升工作效率以及电气工程的总体质量，并且能对相关电路进行二十四小时的监控。自动化供配电系统是现代电力系统发展的方向，它通过先进的控制技术和通信技术，实现供配电系统的智能化管理和高效运行。同时，随着能源效率问题日益受到重视，节能方案在供配电系统设计中占据了越来越重要的地位。

一、电气工程中自动化技术的应用意义

1. 有助于提高电力系统的运行效率

电气自动化技术在电力系统中的应用可以促使电力系统的整体结构更加简单，同时改变了传统电力系统运行的模式，使电力系统运行向着智能化发展，运行效率也因此得到保障。随着计算机技术的发展，电气自动化技术正在向着信息技术方向转型，电气自动化技术本身整合了计算机技术，同时，计算机技术在电气自动化技术中也得到了长足发展，可以说二者是相辅相成的。随着计算机技术的不断进步，电力系统的自动化技术应用得到了改善。随着系统优化，电力系统整体的运行效率也今非昔比。

2. 实时监控电力系统的运行状态

将电气自动化技术应用于电力系统中促使电力系统运行管理得到加强，同时电力的输送机制也得到了良好保障。具体体现在电力系统运行的监控方面，自动化技术的运用使电力系统从静态监控发展为动态监控。这种动态监控是自动化技术融合计算机技术在电力系统中的统筹应用，其应用使电力从出厂到供给全过程得到实时监控和保障。如果在自动化系统运行前预先设置相关监控参数，就能够让电力系统的全过程运行得到监控，将这些监控数据反馈到计算机显示器，也就是通常所说的技术屏上，由技术人员分析得出当前电力系统运行状态。这种监控机制的效率非常高，在电力系统运行中某一环节出现问题时能够第一时间进行反馈，工作人员及时抢修，也极大地方便了电力系统维护，使电力系统的运行稳定性得到保障。

3. 有助于加强电力系统的管理

电气自动化技术整合了计算机信息技术，技术人员通过监管计算机实时反馈的数据获取系统当前的运行状态，然后通过计算机上简单的数据调整就可以改变电力系统的运行方式，这就使电力系统的管理变得更加精确且易于

操作。相较于传统的手动操作，这种管理方式能够节省大量的人力、财力，从而提升电力公司的经济效益。

4. 保障居民的日常生活水平

电气工程自动化及其节能设计期间，若节能技术应用不到位，将严重影响居民的日常生活水平，同时也直接影响着电气工程施工建设工作的有序开展。因此，需将电气设计的节能技术作为工作重点，进一步保障社会及居民的日常生活水平，为我国现代化经济建设的发展奠定扎实基础。

5. 奠定良好的绿色基础

节能设计引入了新时代可持续发展的绿色环保理念。在电气工程建设期间，最重要的就是其工程质量，节能设计理念的应用既可以为电气工程项目的安全质量奠定基础，又可以维护建筑的周边环境，减少对传统能源的依赖，将工程建设造成的污染最小化，降低对生态环境系统的影响，促进当地城市的绿色健康发展。

6. 提高建筑工程项目的综合收益

随着市场经济的不断发展，电气工程自动化及其节能设计对整体工程的安全质量有着极大影响，能够使工程设计方案与设计流程更具安全性、稳定性以及合理性，而不是由于过分追求电气工程的经济效益忽略其项目的安全质量与能源消耗。同时，对节能设计理念的有效贯彻也创新了电气工程的施工管理方式，提高了企业在社会市场中的竞争力与信誉度，促进相关企业的可持续发展，达到节能环保等社会经济可持续发展的目标，在一定程度上也提高了电气工程项目的经济收益与社会收益，具有深远的绿色发展意义。此外，在后期建筑电气工程日常维护的过程中，节能设计理念的有效应用也能使企业单位的投入相应减少。

7. 减少不必要的资源浪费

随着节能设计理念的推出，电气工程中的绿色材料与节能工艺也实现了创新发展，节能技术的使用将居民生活中的能源消耗降到最低，可极大地减少电气工程对周边生态环境系统的污染，促进整体行业的绿色化发展。与此同时，企业单位与工作人员也需根据电气工程自动化建设的实际情况，以及节能设计的特点来选择符合工程项目建设需求的节能技术，减轻环境压力，推动我国社会市场经济的健康可持续发展。

二、电气工程中自动化技术的应用要点

1. 电力系统智能控制应用

电力系统在实际的运行过程中受到外界因素的影响较大，由于一些电力系统建设为露天环境，会影响电力系统的运行，从而使其发生各类故障。在发生故障以后，维护人员在检修的过程中会动用大量的人力、物力。另外，电力系统出现故障不只是设备受到环境影响，还可能是人为造成的。一些操作人员在进行电力系统操作时可能会由于技术水平不过关而导致操作失误，这些失误也会严重影响电力系统的运行参数，从而导致故障的发生。这些不良现象不仅影响电力系统短期内的稳定性，长此以往还会导致电力资源的大量损失，从而影响电力公司的经济效益。把电气自动化技术应用在电力系统中，实现了电力系统的智能控制和对电力系统的实时监控。在电力系统进行电力输送的过程中能够有效地对实时数据进行反馈，在发生故障问题时准确地指出问题发生点，从而帮助维护人员及时进行检修排障，节省时间，减少损失。电力电气自动化技术不但能满足相关工程的智能化以及自动化要求，还可以将工程中的电力设备调整到最佳状态。当电气自动化技术勘测到工程的危险性大于之前设定好的阈值的时候就会立即响应，并向工作人员发出警报，从而得到及时处理。如今，自动化技术可以自行处理一些故障，以确保电力系统的正常运行。

2. 在变电站中的应用

变电站是我国电力系统的基础设施和重要环节，保证高压输电，使居民能够长久稳定地用电都需要变电站。变电站的工作性质就是对输电电压进行增幅和降幅，使输送来的电量电压能够满足实际的需求。传统的变电站工作危险性较高，也对相关工作人员提出了较高的技术要求，变电站工作是电气机械工程中的重要环节。电气自动化技术在变电站中的普及使人工工作被机器取代，并且这种智能化的变电方式也提升了变电过程中所用技术的精准度，

促进了工作效率的提升。电气自动化技术能够对变电站中的实际情况进行全面监控，取代了原有的人工监控和电磁感应监控，从而保证了变电站的工作安全。

三、电气工程节能设计应用

1. 合理选择电源设置地

良好的电源设置地应该在市中心，从而使供电半径最小化，避免了输电线路的长距离架设。并且由于输电线路的客户分布较为松散，所以想要使用电工程的经济效益最大化，就需要根据电源的容量来设置供电的配置点。相关调查研究显示，供电线路的供电半径在 15 公里以内为最佳，可以有效地提升供电的效率，同时降低电气工程消耗能量。

2. 选择横截面积合理的导线

在选择导线时需要对其横截面积进行技术测量，合理的横截面积能够使线缆的导电电阻达到最低，从而降低电气工程消耗的能量。并且最好采用节能降耗材料，节能降耗材料的优点为在输电过程中电阻较小同时输电效率较高，这就使输电能耗降到最低。

在一般的输电线路中，如果导线的横截面积大于 $70mm^2$，那么输电的效果就能够达到良好的状态，另外，支干线的横截面积也不宜过低，一般情况下需要大于 $50mm^2$，分支线的横截面积要大于 $35mm^2$，并且随着用电工程的技术不断完善，输电线路应该尽量向着小容量发展，同时点的布局需要增加，从而保证输电距离能够处于较为合理的范围内，最好是短距离的输电。

3. 选择节能设备，提高变压器的负荷

在配电变压器的使用过程中，相关工作人员可以对其进行优化升级，因为线路的损耗和变压器的质量有直接的关系，所以优化升级的方向是减少线路损耗。一般情况下要对整个网络系统进行优化，使变压器的负载率升高，从而有效减少电力在线路运输过程中的损耗。

4. 加强电网规划

要在电网规划上减少电能损耗就需要电力企业安装智能化的电力系统，

在负荷监控系统的监测下减少不必要的电能损耗。例如可以应用计算机技术计算科学的供电配比，从而降低无谓的电能损耗。还可以应用调度的自动化系统绘制出主变运行图，让输电调度一直处于最佳的运行状态，从而维持主变的经济运行。

在输配电线路选择上，应满足配电输电要求，使导线的截面最小，提升供电线路的经济性，但是这种做法并不是一劳永逸的，而且选择最小截面的线路也不一定是最为经济的。在实际应用中，输电线路导线截面的选择需要综合考虑多种因素，例如，在高压输电线路设计中，首先根据经济电流密度初步选定导线截面，然后根据技术经济比较确定最终方案。此外，还需要考虑导线的机械强度、电压损耗和发热条件等因素。

5. 设计供配电系统及线路

配电线路的敷设设计是建筑电气设计中最为关键的环节，设计期间所采用的线路材料需确保其安全质量以及实际性能，线路材料决定着节能技术的应用是否有效。现阶段，行业内大多将电缆或铜导体作为线路材料，工作人员需按照建筑工程实际的耗电情况，合理设计，推动后续敷设工作的有序开展。同时，要将线路进行隐蔽处理，选择封闭的金属管网或是金属线对其进行防护，确保满足建筑工程建设的消防要求，更要及时封堵防火孔，在保证居民日常生活水平的同时也要保障其生命财产安全。

6. 提高功率因数

减少电气功率损耗也是节能的重要方面。一方面，工作人员可以提高电气设备的自然功率，减少设备超前且无功的需求；另一方面，工作人员也可运用无功补偿的设施切实做到就地补偿，减少电气线路上的无功传输，此种方法在民用建筑中得到了广泛应用。

目前，电气工程自动化在使用的过程中存在着很多不足之处，这就对电气工程的节能降耗属性提出了新的要求，为了符合当下建设节约型新社会的标准，使电气工程建设和环境和谐共处，应将节能降耗和能源控制作为一项基础性工作进行落实。无论是生产电气工程设备的企业还是与之相匹配的自动化技术企业，都应该积极引进新技术、新工艺，进行产业结构调整，提升电气工程的自主创新能力。

四、智能微网能源管理系统的应用

1. 智能微网能源管理的概念

智能微网是在自动化配电系统的基础上，集分布式电源、储能装置、能量转换装置、相关负荷和监控、保护装置于一体的小型电力系统。智能微网能够实现并网和独立两种运行模式，具有稳定性、兼容性、灵活性和经济性。它在并网运行时对大电网具有削峰填谷的作用，而在电网发生故障时，可以迅速从大电网中解列，独立运行，为重要负荷持续供电，提高供电可靠性。智能微网是自动化配电系统的重要组成部分，它代表了配电网智能化、互动化的发展方向。智能微网通过采用先进的信息技术、控制技术与电力技术，不仅能够提供更高的电力可靠性、满足用户多种需求，还能使能源效益、经济效益和环境效益的最大化，是未来智能配电网新的组织形式。随着微电网技术的发展，可再生能源以微电网为载体，以双向可调度的智能节点的形式接入配电系统，使得配电网不必直接面对不同种类、不同归属、数量庞大、位置分散的各类分布式电源。因此，未来的智能配电系统需要适应与大量不同型式的微网系统协同运行的新运控机制。

近年来，人们对智能微网的关注度越来越高，能源需求日益上升，分布式能源发电和负荷管理系统已成为现代微网（Microgrid，MG）的重要研究对象，对微网进行有效、持续的智能优化控制成为一项挑战。为了提高发电和负荷分配性能，需要进行在线评估。在可再生能源（Renewable Energy Sources，RES）固有的间歇性以及将概率可控性负载集成到智能微网中，如何解决智能微网的能源管理问题是当前研究的重点。另外，智能配电网的发展也持续推动着微网的建设，伴随着分布式发电（Distributed Generations，DGs）、电动汽车和智能家居的普及以及需求侧的响应，智能微网结构日趋复杂，管理难度不断加大。

此外，由于分布式能源出力具有的不确定性和波动性，所以在并网时会陷入电力系统不可控制和缺乏管理的局面。这些因素都限制了分布式可再生能源在电力系统中的接入规模和运行效率。为此，在微网中配置了相应的储能装置，如超级电容、蓄电池等，它们能够实现快速启停转换且转换费用可以忽略不计。但考虑到其充放电对储能单元寿命的影响，微网系统运行时还需要进行有效的兼顾储能单元的充放电管理。在如今微网多能源发展模式下，研究智能微网能源管理系统，合理安排分布式电源和储能单元的启停和出力，在并网或孤岛工作模式下安全可靠供电并经济优化运行，对于提高电力系统抗灾减压能力以及经济利益最大化具有深远的意义。

智能微网能源管理系统（Smart Grid Energy Management System，SGEMS）的主要功能：对可再生能源发电与负荷进行功率预测；为储能设备制定合理的充、放电管理策略；为微网系统内部每个分布式能源控制器提供功率和电压设定点；满足微网系统中的冷、热以及电负荷需求；尽可能地使排放量和系统损耗最小；最大限度地提高微电源的利用率；对无功功率进行管理，维持微网较好的电压水平；提供微网系统故障情况下孤岛运行与重合闸的逻辑与控制方法，在满足系统约束的同时，兼顾供需双方管理，实现智能微网的经济、可持续、可靠运行。SGEMS 具有许多优点，例如，从发电调度到节能，从无功功率到支持频率调节，从可靠性到降低损失成本，从能源平衡到减少温室气体排放。

随着智能微网技术的进步，需求响应扩展了用户对电力系统的参与，并导致电力系统从传统模式向交互式模式的转变。考虑到发电、存储和负荷需求响应的经济调度，可以尝试采用一种多周期人工蜂群优化算法，将人工神经网络与马尔可夫链相结合，考虑不确定性的非调度发电和负荷需求预测，以降低发电成本并提高微网运行效率。与传统的能源管理控制策略相比，将深度神经网络（Deep Neural Network，DNN）和无模型强化学习技术相结合设计一种智能多微网（Multi-Microgrids，MMG），从配电网运营商（Distribution System Operator，DSO）的角度看，其可以降低需求侧的峰均比，以实现能源销售利润的最大化。相对于传统的控制方法，智能控制技术，如模糊逻辑、人工神经网络、神经模糊等算法与系统数学模型无关，对系统的动态响应和参数变化具有快速性和较强的鲁棒性，已成为现代 SGEMS 控制算法研究的重要方向。

随着对智能微网研究的深入，能源管理系统模型也日渐复杂。智能微网能源管理模型作为微网优化控制中枢，通过采集和分析负荷需求、分布式电源特性、电能质量要求、电力价格以及用户请求等信息，可以为各个分布式发电单元的控制器设置功率和电压运行点。如何建立可靠的 SGEMS 模型，对于微网的经济运行具有重要的意义。当下有关 SGEMS 的研究多针对微网日前调度计划进行建模，在满足网内设备自身约束和系统约束要求的基础上，以微网的运行经济效益、环境效益等综合效益最佳为目标，通过不同的优化算法计算网内分布式电源的出力。

然而单一的日前调度并不能完全反映可再生能源发电和负荷的预测误差及非计划瞬时波动功率对微网能源管理系统的影响，若应用于短时调度环节，可能无法满足短时调度快速性的要求。人们在进行 SGEMS 建模的过程中往往会忽略一些不确定性的因素，导致系统出现不稳定的情况。而模型预测控制（Model Predictive Control，MPC）因能够处理动态系统中的硬约束、输入输出干扰和不确定性等问题而受到广泛关注。

智能微网能源管理的本质为建立可靠模型以求解非线性、离散优化问题，采用传统的数学优化方法进行求解，例如基于线性和非线性规划、基于动态规划和基于规则的方法都受到算法复杂度的限制，而启发式算法又无法保证所求解的可行性和最优性。近年来，微分进化算法、蚁群算法、改进粒子群算法以及模型预测控制等因其高效性、收敛性和鲁棒性而受到了普遍的关注，适用于求解大规模组合优化问题。随着科技的进步，人工智能的发展越来越受到学者们的关注，由于该领域算法能够模拟人脑智能化处理过程，实现多输入、多输出的非线性映射，具有信息记忆、自主学习等功能，所以有着很强的自适应性及容错能力。因此，基于模糊逻辑和神经网络以及多智能体系统等进行 SGEMS 建模的方法也成为当下研究智能微网的热门。

在传统的大电网中，EMS 是现代电网调度自动化系统的统称，主要针对发配电系统对电网进行调度决策管理以及控制，为调度管理人员提供电网的实时信息，提高电能质量、保证电网安全运行以及提升电网运行经济性。而

SGEMS 是以计算机为基础，结合高级计量基础设施（Advanced Metering Infrastructure, AMI）的综合自动化系统，主要用于微网的调度管理中心，它融合了先进的 IT 技术，对微网内部的分布式电源和储能装置进行优化管理。SGEMS 相对于传统大电网的 EMS（能源管理系统）具有更强的针对性，它能够针对某一个具体的微网，对其内部的众多资源进行有效管理，提高微网的能源利用率。

智能微网可以与大电网联网运行，也可以脱离大电网单独运行。因此，能源管理可以按照运行方式分为并网运行管理和孤岛运行管理。

（1）并网运行能源管理。并网运行时微网与大电网间的能量交换，会对微网经济运行造成影响，因此通过 SGEMS 调节微网内部的各微电源，合理利用可再生分布式能源，优化系统运行，提高微网的效能的同时又可响应大电网对微网的调度控制需求。这种情况下可将智能微网看作整个系统的一个可控负荷模型，必要的时候接受系统的合理调节来提高区域的供电稳定性，还可适当地用于峰荷管理和负荷平移等。微网的能源管理则可保持内网一定的独立性，可以对微网内部的分布式能源进行合理调度，提高能源利用率，其配置检测、保护和控制设备可提高电网供电可靠性。另外并网运行时在满足内部供电或外网需要紧急支持的情况下，可将微网可以看作系统的一个可调电源模型，向外网传输功率，参与电力市场竞价上网，提高微网的综合效益。

（2）孤岛运行能源管理。智能微网断开与外网的连接成为孤岛运行时不再与大电网进行功率交换，SGEMS 需要调节微网内部的资源分配，保证供电的可靠性。分布式电源、热电负荷等本身的随机性和波动性给电网的电能质量造成的影响在微网中表现得更为明显，电压的波动和频率的偏差需要 SGEMS 进行调节控制，主要的措施有改变可调电源例如燃料电池、柴油发电机的输出功率，调节储能设备的充放电容量，以及对负荷侧的控制等，保证整个网络功率输出和需求的平衡及电能质量。

另外，智能微网在能源管理优化时不仅要考虑分布式发电单元的容量、控制技术条件和储能设备的状态，调节电源出力和负荷管理，还需在安全可靠供电的基础上考虑长期经济优化运行。此外，按照时间长短划分，SGEMS

可以分为短期功率平衡和长期能源管理。

2. 智能微网能源管理系统的作用

SGEMS 的主要任务包括：根据实时监控系统和 AMI 组成的智能优化模块所采集的电网、分布式电源、负荷等数据信息来调度发电和传输系统，使配电基础设施更加智能；实现主网、多种分布式电源、储能单元和负载之间的最优功率匹配；实现多种电源的灵活投切；实现微网在并网与孤岛两种运行模式间的无缝转换等。

能源管理系统的主要作用是进行运营商优化、监控电力系统的性能。在智能微网中，EMS 自动协调以满足需求为目标的能源，考虑到电网的运行成本、可用能源以及发电和输电能力，进行协调工作。在此基础上，对能源的可用能量进行了预测，使运行成本降至最低，从而实现了微网的优化运行。通常情况下，优化涉及整个滚动时域（模型预测控制的方法），这种方法对微网的运行具有一定的鲁棒性，但非常规能源的高度可变性会使预测任务非常复杂，从而使微网的可靠运行受到影响。

在智能微网的能源管理过程中，需要通过不同的控制方案来实现能量的优化配置，保证网络运行的安全稳定。控制方案按电源逆变器接口类型分为下垂控制、恒功率控制、恒压恒频控制；按网络整体控制策略分为集中控制和分散控制，或是主从控制模式、对等控制模式和分层控制模式。分散化的级别是由本地控制器的智能程度定义的，它可以仅用于执行上层的命令或做出自己的决策。这两种方法各有优缺点，这决定了其适用于特定微网类型（住宅、商业或军事）以及某种物理特征（位置、大小、拓扑结构等）。

当前对 SGEMS 的研究已经取得不错的成果，这也充分说明了针对分布式能源建立一个智能化的管理系统的重要性。在以往的微网 EMS 的研究中主要采取的是集中式控制，但是随着研究的深入，分散式控制逐渐成为智能微网能源管理控制结构的重要发展方向，分散式控制使分布式发电单元实现了PnP，各种分布式能源或储能设备在任何时间都可以连接到微网中，具有较大的灵活性，也满足大部分地区的用电需求。SGEMS 在微网的协调便利性、高效率性以及减小能源流失等方面起着巨大的作用。

3. 智能微网能源管理系统的发展趋势

（1）分布式能源（如光伏、风电等）运行容易受到自然环境的影响，具有波动性、间歇性以及预测性较差等特性。SGEMS 在设计时需要考虑到这些不可控因素对系统的影响。另外，随着用户侧可控负荷的增多，它可以在任何时间连接到微网中，这也增加了微网负荷侧在空间和时间上的不确定性。SGEMS 在需求侧的管理中应该充分考虑这些不确定性因素，以保证用户的可靠用电。

（2）优化调度模型的丰富和智能化。智能微网能源管理的目的是保证电网安全、稳定、可靠、高效地运行，确保用户安全可靠地用电，实现能源的优化配置，实现综合效益最大化。经济和环境效益的评估模型需要反映微网的整体效益；想要快速准确地进行优化分配就要提高算法的计算速度和精度；加强微网的自治能力和智能化，提高负荷突变和事故发生后的应变能力也是之后研究的重点之一。

（3）通信网络是 SGEMS 的基础，也是实现智能微网系统的必备条件之一。通信存在的丢包、延时以及超时失败等问题将影响 SGEMS 的执行。另外，微网的通信主要是通过无线网络传输，而无线网络的共享和易接近等特点，使其存在安全隐患。因此，如何建立一种可靠且兼容的通信网络也是 SGEMS 中一个值得探讨和研究的问题。

第三节　智能监控与能源管理系统

智能监控与能源管理系统是现代供配电系统中不可或缺的组成部分，它通过先进的信息技术和控制技术，实现对供配电系统的全面监控和高效管理。本节将详细探讨智能监控系统的工作原理、能源管理系统的关键技术以及监控与管理系统的集成设计。

一、智能监控系统的工作原理

智能监控系统是一种基于计算机技术和网络通信技术的自动化监控系统，

能够实时监测供配电系统的运行状态，及时发现和处理异常情况，确保系统的安全、稳定运行。智能监控系统的工作原理可以从数据采集、数据传输、数据处理和信息展示四个方面来理解。

数据采集是智能监控系统的基础。系统通过分布在供配电网络各个关键节点的传感器和测量装置，实时采集电压、电流、功率、频率等电气参数，以及温度、湿度、振动等环境参数。这些数据采集设备通常包括智能电表、电力质量分析仪、温度传感器等。为了保证数据的准确性和可靠性，这些设备通常需要具备高精度、宽量程、抗干扰能力强等特点。

数据传输是将采集到的数据传送到中央处理系统。考虑到供配电系统的分布范围广、数据量大的特点，数据传输通常采用分层结构。在现场层，可能采用工业以太网、CAN 总线等现场总线技术进行数据传输。在站控层和调度层，则可能采用光纤通信、无线通信等技术进行远距离数据传输。为了保证数据传输的实时性和可靠性，通常需要采用冗余设计和加密技术。

数据处理是智能监控系统的核心。中央处理系统接收到采集的数据后，首先需要进行数据校验，剔除异常数据。然后，系统会对数据进行各种分析和处理，包括状态估计、故障诊断、趋势分析等。这些处理通常涉及复杂的算法和模型，如状态估计算法、人工智能算法等。处理的结果可以反映系统的运行状态，预测可能发生的问题，为运行决策提供依据。

信息展示是智能监控系统的输出环节。系统通过直观的图形界面，将处理后的信息以图表、曲线、动态图形等形式呈现给操作人员。良好的信息展示设计可以帮助操作人员快速掌握系统状态，及时发现异常情况。此外，系统还需要具备报警功能，在发生异常或故障时及时通知相关人员。

智能监控系统的工作是一个闭环的信息流动过程。系统不仅能够监测供配电系统的状态，还能根据监测结果自动执行控制指令或提供控制建议。例如，在检测到电压异常时，系统可以自动调节调压装置，或者在发现设备过载时，系统可以建议进行负荷转移。

在设计智能监控系统时，需要考虑以下几个关键因素：

（1）系统的实时性和可靠性是首要考虑的因素。供配电系统的运行状态瞬息万变，监控系统需要快速响应，及时处理大量的实时数据。

（2）考虑到监控系统对供配电系统运行的重要性，系统需要具备高度的可靠性，通常需要采用冗余设计和故障自愈技术。

（3）系统的安全性需要特别关注。智能监控系统涉及大量敏感数据和关键控制功能，因此需要采取严格的安全措施，如访问控制、数据加密、入侵检测等，防止未授权访问和网络攻击。

（4）系统的人机交互设计也需要充分考虑。良好的人机界面设计可以提高系统的操作效率，减少人为错误。这不仅包括图形界面的设计，还包括操作流程的优化、报警信息的管理等。

通过合理的设计和实施，智能监控系统能够显著提高供配电系统的运行效率和可靠性，为系统的安全稳定运行提供有力保障。

二、能源管理系统的关键技术

EMS 是一种综合性的能源优化管理平台，它通过对能源生产、传输、分配和使用全过程的监测、分析和控制，实现能源的高效利用。在供配电系统中，EMS 的应用对于提高系统效率、降低运行成本具有重要意义。EMS 的关键技术主要包括以下几个方面：

1. 数据采集与处理技术是 EMS 的基础

这包括从各种能源消耗设备、计量装置和环境传感器中采集数据，并对这些数据进行清洗、验证和存储。考虑到能源数据的海量性和实时性，通常需要采用大数据技术来处理。例如，可以使用分布式数据库和流式计算技术来处理实时数据流，使用数据仓库技术来存储和管理历史数据。

2. 能源建模与分析技术是 EMS 的核心

这包括建立能源系统的数学模型，并基于这些模型进行各种分析和优化。常用的建模方法包括物理建模、统计建模和机器学习建模等。基于这些模型，可以进行能耗预测、能效评估、故障诊断等分析。例如，可以使用时间序列分析方法进行短期负荷预测，使用回归分析方法评估各种因素对能耗的影响。

3. 优化控制技术是 EMS 实现节能的关键

这包括基于能源系统模型和运行目标，计算最优的控制策略，并将这些策略转化为具体的控制指令。常用的优化方法包括线性规划、非线性规划、动态规划等。在实际应用中，还需要考虑多目标优化问题，如同时考虑能源效率、经济性和环境影响。此外，考虑到能源系统的复杂性和不确定性，近年来基于人工智能的优化控制方法，如强化学习，也得到了广泛应用。

4. 需求响应技术是 EMS 中实现用户侧参与的重要手段

这包括通过价格信号或其他激励机制，引导用户调整用能行为，从而实现系统层面的能源优化。需求响应技术涉及负荷预测、价格模型、用户行为分析等多个方面。例如，可以使用机器学习方法预测用户对不同价格信号的反应，从而制定最优的需求响应策略。

5. 多能流化技术是 EMS 的一个重要研究方向

EMS 不仅需要管理电能，还需要考虑多种能源形式的协同管理，如电能、热能、冷能等。这包括建立多能流网络模型，分析不同能源形式之间的转换关系，优化多种能源的协同调度。例如，在区域能源系统中，可以通过优化电力系统和热力系统，提高整体的能源利用效率。

6. 可视化和决策支持技术是 EMS 的重要组成部分

这包括通过图形化界面直观地展示能源使用情况，并提供决策支持功能。良好的可视化设计可以帮助管理人员快速了解系统的能源状况，及时发现异常情况。决策支持功能则可以基于系统模型和历史数据，为管理人员提供优化建议。例如，系统可以根据预测的负荷情况和能源价格，推荐最优的能源采购策略。

通过应用这些关键技术，EMS 能够实现对供配电系统能源使用的全面优化，显著提高能源利用效率，降低运行成本，同时为能源政策制定和长期规划提供重要支持。

三、监控与管理系统的集成设计

监控系统和管理系统的集成设计是实现供配电系统全面智能化的关键。

将智能监控系统与 EMS 有机结合，可以实现数据共享、功能互补、协同优化，从而大大提高系统的整体性能和效率。监控与管理系统的集成设计主要涉及以下几个方面。

1. 数据集成是监控与管理系统集成的基础

这涉及将来自不同系统、不同设备的数据进行统一采集、存储和管理。数据集成需要考虑以下几个关键点：

（1）需要建立统一的数据模型和数据标准。这包括统一的数据格式、数据项定义、数据质量标准等。统一的数据模型可以确保来自不同源的数据能够被正确理解和使用。可以采用语义网技术，如本体模型，建立能源领域的知识图谱，实现异构数据的语义集成。

（2）需要建立高效的数据传输和存储机制。考虑到供配电系统数据的海量性和实时性，通常需要采用分布式数据库和流式计算技术。例如，可以使用时序数据库来存储和管理高频采集的电力参数数据。可以采用 Apache Kafka 等分布式流处理平台，实现大规模实时数据的高效传输和处理。

（3）需要实现数据的实时同步和一致性。这可能涉及分布式事务处理、数据复制等技术。可以采用分布式一致性算法，如 Paxos 或 Raft，确保分布式系统中数据的一致性。

2. 功能集成是将监控系统和管理系统的各项功能有机结合，形成一个统一的功能体系

这包括以下几个方面：

（1）需要梳理和整合两个系统的功能，避免功能重复和冲突。例如，负荷预测功能在监控系统和管理系统中可能都存在，需要进行统一设计。可以采用功能建模方法，如 IDEF0（集成计算机辅助制造定义方法），清晰地定义和组织系统功能。

（2）需要设计功能之间的协作机制。例如，监控系统检测到的异常情况应该及时触发管理系统的相应处理流程。可以采用事件驱动架构（EDA），实现系统间的松耦合和高效协作。

（3）需要设计统一的用户界面，使用户能够方便地访问和使用各项功能。

这可能涉及单点登录、权限管理等技术。可以采用微前端架构，实现不同子系统界面的灵活集展。

3. 决策集成是将监控系统的实时数据和管理系统的优化算法结合起来，实现更智能、更高效的决策支持

这包括以下几个方面：

（1）需要建立统一的决策模型。这个模型应该能够综合考虑系统的运行状态、能源效率、经济性、安全性等多个方面。可以采用多准则决策方法，如层次分析法（AHF）或 TOPSIS 方法，构建综合的决策评价体系。

（2）需要设计决策的触发机制。例如，当监控系统检测到某些关键指标超过阈值时，应该自动触发相应的决策流程。可以采用复杂事件处理（CEP）技术，实现对复杂事件的实时检测和响应。

（3）需要实现决策结果的自动执行。这可能涉及与各种控制设备的接口设计。可以采用软件定义网络（SDN）技术，实现对网络资源的灵活控制和调度。同时，可以使用工业物联网（IIoT）技术，实现对各种设备的统一管理和控制。

（4）还需要建立决策的反馈和优化机制。通过对决策结果的持续评估和分析，不断优化决策模型和策略。可以采用在线学习算法，如在线梯度下降法（Online Gradient Descent，OGD），实现决策模型的动态更新和优化。

4. 平台集成是在技术层面将监控系统和管理系统整合到一个统一的软件平台上

这通常采用面向服务的架构（SOA）或微服务架构。平台集成需要考虑以下几个方面：

（1）需要设计统一的系统架构。这包括确定系统的层次结构、模块划分、接口定义等。可以采用领域驱动设计（DDD）方法，基于业务领域模型来构建系统架构，确保系统结构与业务需求的一致性。

（2）需要选择合适的集成技术。这可能包括企业服务总线（ESB）、API网关、消息队列等技术。例如，可以将 Apache Kafka 作为消息中间件，实现系统间的异步通信和解耦；可以将 GraphQL 作为 API 查询语言，提供灵活的数据查询接口。

（3）需要设计统一的运行环境。这包括服务器、网络、数据库等基础设施的规划和配置。可以采用容器技术（如 Docker）和容器编排平台（如 Kubernetes），实现系统的快速部署和灵活伸缩。

（4）还需要考虑系统的可靠性、可扩展性。这可能涉及负载均衡、故障转移、弹性伸缩等技术。可以采用服务网格（Service Mesh）技术，如 Istio，提供统一的服务发现、负载均衡、故障恢复等功能。

5. 安全集成使集成后的系统具有全面的安全保障

这包括以下几个方面：

（1）需要建立统一的身份认证和授权机制。这通常采用单点登录（SSO）技术，结合细粒度的权限控制。可以使用 OAuth 2.0 和 OpenID Connect 等标准协议，实现跨系统的统一身份认证和授权。

（2）需要实现端到端的数据安全。这包括数据传输加密、存储加密、访问控制等。可以采用端到端加密技术，如同态加密，在保证数据安全的同时允许对加密数据进行计算。

（3）需要建立统一的安全审计机制。对系统的所有重要操作进行记录和分析，及时发现安全隐患。可以采用安全信息和事件管理（SIEM）系统，实现全面的安全事件收集、分析和响应。

（4）还需要制定全面的安全策略和应急预案，包括安全漏洞管理、入侵检测、灾难恢复等。可以采用 DevSecOps 方法，将安全考虑融入系统开发和运维的全过程中。

6. 其他注意事项

在进行监控与管理系统的集成设计时，还需要注意以下几点：

（1）集成设计应该采用渐进式的方法。可以先从关键功能和数据开始集成，逐步扩展到其他方面。这种方法可以降低集成的风险，同时允许根据实际需求调整集成策略。

（2）集成设计应该注重标准化和模块化。这可以提高系统的灵活性和可维护性。可以采用微服务架构，将系统功能拆分为多个独立的服务，每个服务都可以独立开发、部署和扩展。

（3）集成设计应该考虑未来的技术发展趋势。例如，应该为人工智能、区块链等新技术的应用预留接口和空间。可以采用可插拔的架构设计，便于未来新技术的快速集成。

（4）集成设计应该重视用户体验。通过统一的界面和操作流程，提高系统的易用性。可以采用用户体验（UX）设计方法，如用户研究、交互设计、可用性测试等，确保系统的易用性和用户满意度。

通过科学、合理的集成设计，可以充分发挥监控系统和管理系统的优势，实现"1+1>2"的效果。集成后的系统能够提供更全面、更准确的信息，支持更智能、更高效的决策，从而显著提高供配电系统的运行效率和可靠性。

第四节　新能源技术与智能供配电系统的融合

在市场和政策驱动下，分布式发电、电动汽车、新型储能迎来爆发式增长，配电网在促进分布式电源就近消纳、承载新型负荷等方面面临的挑战日益严峻，其物理形态、数智形态、商业形态正发生深刻变革。

一、新能源技术在供配电中的应用

1. 新能源市场化交易的政策轨迹

2022年，国家发展改革委、国家能源局发布了《关于促进新时代新能源高质量发展的实施方案》。方案提出："在具备条件的工业企业、工业园区，加快发展分布式光伏、分散式风电等新能源项目，支持工业绿色微电网和源网荷储一体化项目建设，推进多能互补高效利用，开展新能源电力直供电试点，提高终端用能的新能源电力比重。"此处的"直供电"是指不经由电网企业的输配电网络，建立"新能源专线"，直接向用户供电。2022年6月，国家发展改革委、国家能源局等9部门联合印发的《"十四五"可再生能源发展规划》提出：在工业园区、大型生产企业和大数据中心等周边地区，因地制宜开展新能源电力专线供电，建设新能源自备电站，推动绿色电力直接供应和对燃煤自备电厂替代。但在执行层面，根据《中华人民共和国电力法》（2018 年修订版）第二十五条：一个供电营业区内只设立一个供电营业机构，供电营业区的设立、变更，由供电企业提出申请，电力管理部门依据职责和管理权限，会同同级有关部门审查批准后，发给《电力业务许可证》。因此，新能源企业不仅要建设供电专线，还需承接供电营业区内用户所有的配电网运营业务，从而对企业资质、财务、技术、履责等方面提出了更高的要求。

从政策轨迹来看，新能源市场化交易的目的在于尽可能减少新能源电量交易的中间环节，向发、用电双方让利。2021 年 9 月 7 日，绿电交易正式启动，在该种交易模式下，一方面，新能源电量将因绿电消费凭证产生相对于火电的额外溢价；另一方面，收售电价差也将由电网企业让利至新能源企业。然而，现阶段绿电价格体系仍有待厘清，以江苏电力交易中心为例，绿电的环境价值反映在绿电市场、绿证市场、碳排放市场的价格分别为 0.58 元/兆瓦时、35~50 元/兆瓦时、33.64 元/兆瓦时。价格上的差异导致了绿电市场供需无法精准匹配，供不应求；绿证市场少人问津；而在碳排放市场，仅有限的经 CCER 认证的新能源项目可参与，从规则上造成了供给的紧张。

随着新能源发电成本的下降，在市场的驱动下，分布式新能源装机占比越来越高。而分布式新能源参与市场化交易较为理想的方式分为两种：一是对于规模较大、具备就地消纳条件的电量，供需双方进行协商，签订中长期电力交易合同（即"隔墙售电"）；二是不具备上述条件的电量，通过虚拟电厂技术与各类负荷、储能聚合后，参与电力现货市场及调频辅助市场。由于分布式新能源聚合的技术条件、商业环境仍不成熟，所以，"隔墙售电"是当前分布式新能源市场化交易的必然选择。

"隔墙售电"的概念于 2017 年 10 月由国家发改委、国家能源局在《关于开展分布式发电市场化交易试点的通知》中提出，2020 年 12 月全国首个"隔墙售电"项目——江苏常州市天宁区郑陆工业园 5 兆瓦分布式发电项目并网。相较绿电市场的输配电价，江苏省"隔墙售电"试点的"过网费"优惠幅度较大，使得"隔墙售电"度电成交价高于绿电市场，在 0.49~0.58 元/千瓦时，如开展带曲线交易，成交价仍有上升空间，各方参与"隔墙售电"项目意愿强烈。尽管如此，"隔墙售电"进展依然缓慢，究其原因，主要存在以下问题。

(1)"过网费"机制有待厘清。根据政策规定，电力用户在10千伏电压等级且同一变电台区内消纳，免收"过网费"。这就导致供需双方同在10千伏台区的"隔墙售电"不仅"零"成本使用电网企业的设备，又无须承担交叉补贴。即便跨电压等级"隔墙售电"，收取"过网费"也无可依据的标准。政策的不完善，导致在执行层面上仅有零星试点，而无法进一步推广。

(2)"辅助服务"分摊机制有待健全。当新能源电量渗透率超过15%时，系统成本快速上升（调频备用成本）。根据前期电力市场探索经验，因新能源接入产生的系统成本将由优先出力机组、省内可再生能源进行分摊，但现阶段无政策规定"隔墙售电"如何参与分摊，导致集中式新能源、分布式新能源承担责任不对等。

(3)偏差考核机制有待细化。"隔墙售电"项目需接受3%~5%发电量的偏差考核，在当前按月度交易的前提下，发电方要提前40天进行电量预测并报送生产计划，而分布式光伏受天气因素影响大，中长期预测较为困难，易对发电方造成经济损失。建议进一步细化交易时间颗粒度，降低考核偏差对发电方的影响。

2. 新能源供电专线

在"隔墙售电"进展不如意的背景下，2021年底至今，政策文件中频繁提到"新能源专线"。虽然建设"新能源专线"免交"过网费"，可最大限度提升分布式新能源收益空间，但仍然需厘清如何承担交叉补贴和系统成本问题。此外，相较于"隔墙售电"，"新能源专线"还存在其他问题。

(1)经济性："新能源专线"供电需新建中、低压配电线路，用户侧接线形式、设备、保护可能需要配套改造，发电和用电双方通过电价增加的收益能否覆盖新建、改造费用是"新能源专线"供电实施的前提。此外，若双方需跨越企业用地红线敷设配电线路，极有可能与公网线路路径重叠，造成路径资源浪费。

(2)电力供应可靠性。购、售电双方一般为普通工业企业，电力设备、发电设备运维极有可能存在不专业、不到位的情况。原本单一用户故障仅影响该用户或用户接入线路；建立"新能源专线"后，不同用户之间的电气联络可能使两条甚至多条线路产生联络，任一用户内部故障时，都可能会扩大影响范围，造成多条电网线路跳闸，将对供电可靠性产生不利影响。

（3）合同履约风险。发电和用电方经营状况随市场变化可能产生较大波动，若用户经营状况不良，流动资金紧缺，甚至关停、破产，售电方电力供应或购电方电费缴纳均存在无法履约的风险。即使企业经营状况正常，在无可靠第三方监管的情况下，亦存在延期交纳电费的可能。

（4）社会公平性。即便建设"新能源专线"，电网仍承担总体用电的兜底作用，用户是否参与"新能源专线"对其申请报装容量基本没有影响，电网针对相应用户的投资成本不因"新能源专线"而改变。在容量不变但电量大幅下降的情况下，用户的用电成本和电费收益不对等，下一监管周期重新制定输配电价时，原本用户应承担的电网投资、建设成本需由其他未参与"新能源专线"的用户分摊，造成用电不公平。

二、柔性直流用电：建筑用能的未来

能源供给侧和消费侧革命将给建筑用能方式带来变革。建筑的能源来源、用能种类及供能系统方式都将迎来巨变，而太阳能将成为建筑的主要能源来源之一。

1. 驱动方式由交流转为直流

目前，太阳能光伏电池成本大幅下降，光伏元件价格由 21 世纪初的 50元/瓦降至不足 2 元/瓦，发展太阳能光电的制约因素已由基础元件成本转为安装空间、安装成本和接入成本。建筑屋顶和可接收足够太阳光的建筑垂直表面，都将成为安装太阳能光伏电池的最佳场所。

目前，我国城乡建筑总量超过 600 亿 m^2，建筑屋顶和可接收足够太阳光的垂直表面超过 100 亿 m^2。这些建筑表面若全部被开发利用，每年可发电约 2 万亿千瓦时，占我国目前全年总发电量的28%，超过了全国民用建筑的年耗电总量。

近年来，光伏瓦、光伏幕墙、光伏玻璃等新产品不断涌现，与建筑外表面装饰一体化成为太阳能光伏电池技术的发展方向。用好建筑外表面，使其成为建筑用电的重要来源，也将成为新建建筑和改造既有建筑的重要内容。

光伏发电输出的是直流电，需要通过逆变器转变为与电网同步的交流电，接入建筑电力内网。光伏系统配备的蓄电池，直接蓄存和释放的也是直流电，蓄放过程也需要进行交流—直流转换。

目前，各种建筑用电装置的技术发展方向都是由交流驱动转为直流驱动。建筑内的各类用电设备，如 LED 光源的照明装置，电脑、显示器等 IT 设备，空调、冰箱等白色家电，以及电梯、风机、水泵等大功率装置，都需要直流驱动，光伏和蓄电池也要求直流接入。

建筑用电系统进行交流和直流的转换，需要重复接入转换装置，不仅增加了设备的投入和故障点，还造成近 10% 的转换损失。那么，建筑内部能否完全改为直流供配电，彻底取消交流环节，改变建筑的供配电方式呢？

特斯拉发明的交流电之所以全面战胜直流电，原因有三：一是交流电可以通过变压器高效地改变电压，满足不同的电压需求；二是交流电可以产生旋转磁场，由此产生异步电机；三是交流电网利用其无功功率的特性，可吸收用电侧负载瞬间变化对电网的冲击，维持电网的安全运行。而随着电力电子器件的飞速发展，这三方面需求都有了可替代的解决方案。

目前，电力电子器件可以实现高效可靠的直流/直流变压和直流开关。1千瓦以内的小功率装置，成本已低于交流变压器；1 兆瓦以内的装置，成本也在可接受范围，且这些器件成本目前都在按照摩尔定律降低。通过电力电子器件实现由直流电驱动同步电机、灵活精准地调控转速和扭矩，是未来电机发展的主要方向。建筑内的直流微网依靠其分布连接的蓄电池和电力电子器件，通过智能控制也可以有效吸收负载瞬态变化的冲击，维持系统的稳定可靠。因此，目前技术条件都已具备，到了挑战建筑内的交流供配电系统的时候了。

2. 电力负载由刚性转为柔性

建筑供电的入口通过交流—直流整流装置把外电网的交流电转为高压直

流电，接入建筑内直流高压母线。直流高压母线分别通过 DC/DC（直流到直流的电压变换）与分布在建筑外表面的光伏电池和建筑内不同区域的蓄电池相连，还可通过 DC/DC 向建筑内的大功率设备及建筑周边充电桩供电。由直流高压母线通过 DC/DC 引出若干路直流低压分路，分别进入各个建筑区域为小功率设备供电。

交流系统的电压和周期必须严格调控，维持在预定值，以保障用电装置的功能和安全。若电压过低会导致异步电机的电流增大，甚至烧毁，而直流电系统的电压却可以在很大范围内变化。

连接光伏电池的 DC/DC 可根据光伏电池的输出状况，自动调节接入阻抗，使光伏保持最大的输出功率；连接蓄电池的 DC/DC 可根据母线电压的变化，在蓄电、放电和关闭三种状态之间选择和调控；系统中连接的智能充电桩还可根据目前电压状况决定充电速率，甚至在母线电压过低时从汽车电池中取电，反向为建筑供电。

直流高压母线的电压则由入口的交流—直流整流器控制，通过调节直流母线电压，调控建筑的瞬间用电功率。这样，建筑用电就从以前的刚性负载特性变为可根据要求调控的柔性负载特性，从而实现"需求侧响应"方式的柔性用电。

不同功能的建筑、不同的光伏电池安装量及不同蓄电池的安装容量，通过调节直流母线电压可实现不同的功率调节深度。蓄电池安装量越大，实现的瞬态功率调节深度就越大。而当通过智能充电桩接入足够多的电动汽车时，就可以响应电网要求，使建筑瞬态用电功率负载在 0 至 100% 之间实时调节。这时，一座直流供配电建筑就成为一座虚拟的蓄能调节电厂，可根据电网的供需平衡状况进行削峰填谷调节。

未来，低碳电力系统的电源中一半以上为风电、光电，这些不可调控的电源大大降低了电网对用电侧峰谷变化的调节与适应能力，由此造成大量的弃风、弃光现象。怎样使电力负载由目前的刚性转为柔性，以适应电源侧大比例的不可调控电源，成为今后发展风电、光电的待解难题。

三、全直流供电建筑储能运行策略

区别于传统交流建筑负荷峰谷值大、用电负荷不可调节的既有缺陷，全直流建筑通过引入蓄电池储能作为能量缓冲器，实现电网取电由实时取电向延时取电的有效调节。另外，传统交流供电建筑普遍使用低于90%输电效率的整流/逆变器件将储能电池与配电交流母线并联，全直流供电建筑采用最高效率98%以上的双向柔性直流变换器件与建筑直流母线并联，又由于直流建筑采用集中式交直流电能变换，变电效率亦高达98%以上，因此可实现电能的高效存储与释放。

1. 调节方式

（1）电网缺电、停电或电力成本较高状态下，通过建筑内部储能放电补足建筑内用电设备需求部分。

（2）电网富电或电力成本较低等状态下，通过建筑内部储能从电网取电充电，将电能储存到需要放电时使用。

（3）建筑储能以一定周期进行循环充放电，使建筑负载在电网侧表现出可调节特性，部分或全部满足电网对建筑的负荷特性需求。然而包含储能电池造价、建筑占地以及高密度储能安全维护成本等的建筑储能建设成本高昂，配置容量往往不能充分满足电网对于建筑储能完全调节建筑负荷功率的要求，只能在建筑成本经济性和建筑储能的调节效果之间进行平衡。由此引出在建筑储能不充分状态下，灵活调配充放电能源走向，制定建筑储能最优运行策略的问题。

2. 储能运行策略

（1）基于电网恒功率或准恒功率输出的储能动态调节策略。通过控制电池按照"电网以恒功率或准恒功率取电"的目标进行动态充放电。恒功率取电的优势在于从电网侧看来本栋建筑为恒功率负载，因此可以有效减少电网侧预装式变电站的安装容量，同时有效降低电网调峰储备容量，从而有效降低电网建设成本。由于储能电池在长期工况下收纳能量与释放能量平衡，所以恒功率取电策略通常以24小时内恒功率为控制目标。

（2）基于实时电价的储能动态调节策略。市政电网根据用电负荷状态，制定分时电价。建筑直流供电系统可根据市政电网的价格信号，对电池充放电功率进行动态管理，调整从电网取电的功率，从而达到建筑供电系统运行的经济性最优化。

（3）基于需求侧响应的储能动态调节策略。为了提高电力系统运行效率、安全性和能源资源利用水平，可通过各种激励手段促使电力用户改变用电行为，实现负荷的调节和转移。基于需求响应的策略是指根据电网的需求响应规定，确定不同的分时取电功率进行储能充放电调节。

四、数智与能源融合创新

现阶段，破局的关键在于数智技术与能源产业的融合创新。围绕推动配电网数智化转型目标，将配电网打造成承载多元用户、联通多种能源、创造多维价值的资源配置平台；促进数智技术与能源融合创新，深化数智赋能赋效，通过科学合理布局，建立源网荷储多元要素协同互动的体系；以数智化赋能配电网高效发展，构建以新型智慧配电网为中心的"数智与能源融合创新"体系，推动社会资源在配电网层面的全业务全环节数智化转型。

在灵活化网架构建方面，要构建中低压柔性互联、主配一体协同、一二次深度融合的新型配电网络物理形态。在微电网集聚发展的基础上，相邻微电网之间、微电网与区域配电网之间、相邻区域配电网之间、配电网与上级大电网之间广泛互联，形成立体互联的灵活网架，为灵活、多向、柔性控制提供物理载体，提高配电网灵活性和可靠性。基于一二次智能设备和智能管控平台，构建软件定义配电网，实现配电网拓扑动态调整，实现就地自治平衡。在智能装备层面，研制全自主可控标准化功率模组，支持多模组积木式并联运行，研制多场景应用下的低成本、高效率、紧凑型、高可靠柔性设备；为了解决城市差异化负荷接入后的配电网多线路间差异化电压调控、谐波治理和无功补偿需求，灵活构建"半直流化"交流配电站所，实现能量传输节点多线路柔性协同运行。

在数智化平台赋能方面，要建立覆盖配电网全环节、全业务、全要素的统一的配电网基础资源数据，打造基础数据底座和多维多态"智慧管控平台"，支撑多业务系统融合开放，提升配电网可观、可测的数字透明水平和资源配置水平。着力加强配电网动态优化、精准控制、智能调节能力，支撑源网荷储数碳互动和数模混合聚合分析。构建配电网新型分层分区运行控制调节体系，通过区域自治、分层协同和全局优化，形成广泛互联的电力电量平衡架构，能够增强配电网安全韧性、调节柔性，实现配电网智慧运行水平的全面提升。

在多元化价值发掘方面，要坚持市场驱动、开放共赢，构建完善的配电网分布式交易机制，健全负荷集成商、聚合商、虚拟电厂等新兴主体准入条件，推动完善电价政策机制，引导新业态规范化发展，促进电力资源配置优化。依托智慧管控平台，充分整合"站、线、变、户"各环节，"源、网、荷、储"各要素的静态网架资源，挖掘海量分布式光伏、多元负荷、新型储能等灵活资源的精准预测和聚合调控，推进虚拟电厂建设，推动多元要素参与电力市场交易与配电网运行调节，构建智慧运营大脑，实现能量双向交互、多方互济，促进电网削峰填谷和消纳清洁能源。

第七章　建筑电气工程的法规与标准体系

第一节　建筑电气工程的法规框架

一、国内建筑电气法规概述

建筑电气工程法规是建筑电气系统安全、可靠和高效运行的基础。在国内，建筑电气法规体系已经形成了一个多层次、多维度的完整框架。这个框架主要由国家法律、行政法规、部门规章、强制性标准和推荐性标准等构成。其中，《中华人民共和国建筑法》和《中华人民共和国电力法》是最高层级的法律依据，为建筑电气工程的各个方面提供了基本的法律指导。这两部法律明确了建筑电气工程的基本原则、管理体制、质量要求和安全标准，为整个行业的发展奠定了法律基础。

在这些基本法律的指导下，国务院及有关部门制定了一系列行政法规和部门规章，进一步细化了建筑电气工程的具体要求。例如，《建设工程质量管理条例》对建筑电气工程的质量管理提出了明确的要求，涉及设计、施工、监理、验收等各个环节。《电力设施保护条例》则为电力设施的保护和安全运行提供了法律保障，明确了电力设施保护区域的划定标准、保护措施以及相关责任。这些行政法规和部门规章共同构成了建筑电气工程法规体系的中坚力量，为实际工作提供了更为具体的操作指南。

在强制性标准方面，国家标准化管理委员会和住房和城乡建设部联合发布了多项与建筑电气工程相关的强制性国家标准。这些标准涵盖了建筑电气设计、施工、验收、运行维护等各个环节，如《低压配电设计规范》等。《建筑电气工程施工质量验收规范》详细规定了建筑电气工程施工质量的验收程序、方法和标准，包括电气竖井、配电装置、线缆敷设、照明装置、接地装置等各个子系统的验收要求。《低压配电设计规范》则针对建筑物内部的低压配电系统设计提供了全面的技术指导，包括负荷计算、电源选择、配电线路设计、保护装置选择等方面的具体要求。这些强制性标准是保障建筑电气工程质量和安全的重要技术依据，必须严格执行。

推荐性标准则提供了更为灵活的技术指导。这些标准通常由行业协会或专业机构制定，虽然不具备强制执行的法律效力，但在实际工作中被广泛采用，对提高建筑电气工程的技术水平和管理效率起到了重要作用。这些标准提供了建筑电气工程施工的详细指导，包括施工准备、材料要求、施工工艺、质量控制等方面的建议，为施工单位提供了可操作性强的技术指南。

国内建筑电气法规体系还涉及大量的技术规程和管理办法。这些文件通常由政府主管部门或行业组织颁布，针对特定的技术领域或管理问题提供详细的指导，这些规程和办法为建筑电气工程的设计、施工、验收和运维提供了具体的技术要求和管理规范。如规定了各类电气装置的安装要求和验收标准，包括变压器、开关设备、电力电缆、照明装置等的安装工艺和质量检验方法。以及明确了建筑电气工程设计各阶段的内容要求，确保设计文件的完整性和准确性。

值得注意的是，国内建筑电气法规体系还在不断完善和发展中。随着新技术、新材料的应用，以及节能环保要求的提高，相关法规和标准也在持续更新。例如，针对智能建筑和绿色建筑的发展，国家已经出台了一系列新的标准和规范，如《智能建筑设计标准》《绿色建筑评价标准》等，这些标准对建筑电气工程提出了更高的要求。《智能建筑设计标准》涵盖了智能化系统的设计原则、技术要求和评价方法，包括智能照明、楼宇自动化、信息网络等子系统的设计指标。《绿色建筑评价标准》则从节能、节水、节材、环保等多个角度对建筑进行全面评价，并对建筑电气系统的能源效率、可再生能源利用、智能控制等方面提出了具体要求。

二、国际建筑电气法规的对比

在全球化背景下，了解和比较国际建筑电气法规具有重要意义。不同国家和地区的建筑电气法规体系虽然在具体内容和形式上存在差异，但总体目标都是确保电气系统的安全性、可靠性和效率。通过对比分析，可以发现各国法规体系的特点和优势，为国内法规体系的完善提供借鉴。

美国的建筑电气法规体系以《国家电气规范》（National Electrical Code，NEC）为核心。NEC 由美国国家消防协会（NFPA）制定和维护，每三年更新一次。这种定期更新机制确保了法规能够及时反映技术发展和安全需求的变化。NEC 涵盖了建筑电气系统的设计、安装和检验等各个方面，其详细和系统化的特点使其成为全球范围内广受认可的电气安全标准。NEC 的内容涵盖范围广泛，包括接线方法、过电流保护、接地和接地故障保护、特殊设备、特殊场所、特殊条件等多个方面。例如，在接地和接地故障保护方面，NEC 详细规定了不同类型建筑和设备的接地要求，以及各种接地系统的设计和安装标准。

欧盟国家则采用了统一的《低压电气设备指令》（Low Voltage Directive，LVD）。这一指令为成员国提供了统一的安全标准，同时允许各国根据本国情况制定更细化的规范。例如，德国的《VDE 规范》就是在 LVD 框架下制定的更为具体的电气安全标准。这种模式既保证了基本安全要求的统一，又为各国留有一定的灵活性。LVD 主要关注电气设备的安全性，包括电击防护、过热保护、短路和过载保护等方面。它要求所有在欧盟市场销售的低压电气设备都必须符合指令的基本安全要求，并通过 CE 认证。

日本的建筑电气法规体系以《电气设备技术基准》为核心，辅以各种详细的技术标准和指南。日本的法规体系特别注重抗震性能，这与该国的地理环境密切相关。此外，日本在智能建筑和节能技术方面的法规也相当先进，为建筑电气系统的智能化和高效化提供了有力支持。例如，日本的《建筑物综合能效标准》（CASBEE）不仅考虑建筑物的能源消耗，还评估其对环境的整体影响，包括室内环境质量、资源循环、地域环境等多个方面。在智能建筑方面，日本的法规强调了建筑自动化系统（BAS）的应用，要求大型建筑必须安装能源管理系统（BEMS）以优化能源使用。

对比国际建筑电气法规，可以发现几个共同的趋势：首先，安全性始终是各国法规的首要考虑因素。无论是美国的 NEC、欧盟的 LVD，还是日本的《电气设备技术基准》，都将电气安全作为核心内容，详细规定了防电击、过载保护、短路保护等安全措施。其次，能源效率和环保要求在法规中的地位日益提升。各国都在不断提高电气设备的能效标准，并鼓励可再生能源的应用。再次，智能化和自动化技术的应用正在推动法规向更高层次发展。智能建筑、楼宇自动化系统、智能电网等概念已经在各国法规中得到体现。最后，国际标准化组织和国际电工委员会制定的国际标准正在发挥越来越重要的作用，促进了全球建筑电气法规的趋同。例如，IEC 60364 系列标准（低压电气装置）已被许多国家采用或参考。

然而，各国法规体系也存在明显差异。例如，美国的 NEC 侧重于实用性和可操作性，条文详细具体，几乎涵盖了电气工程中可能遇到的所有情况。而欧盟的 LVD 则注重原则性，为具体实施留有较大空间，各成员国可以根据自身情况制定更详细的实施细则。日本的法规体系则反映了其特殊的地理环境和技术优势，在抗震和智能化方面有独特之处。例如，日本的电气法规对设备的抗震性能有严格要求，规定了不同震级下电气设备应保持的功能。这些差异反映了各国在法规制定过程中对本国实际情况的考虑。

通过比较分析，可以发现国内建筑电气法规体系与国际先进水平还存在一定差距。例如，在法规更新频率方面，美国 NEC 每三年更新一次的机制保证了法规能够及时跟上技术发展，而国内法规的更新周期相对较长；在智能化要求方面，虽然国内已经开始重视智能建筑，但相关标准的系统性和前瞻性还有待提高；在能源效率标准方面，国际上普遍采用更为严格的能效等级划分和评估方法，这方面国内还有提升空间。同时，国内法规体系的系统性和协调性也需要进一步加强，以避免不同法规之间的冲突或重复。这些差距为未来国内建筑电气法规的发展指明了方向。

三、法规的执行与监督机制

建筑电气工程法规的有效性不仅取决于其内容的科学性和合理性，更依赖于严格的执行和监督机制。在国内，建筑电气工程法规的执行和监督涉及多个部门和层面，形成了一个复杂而全面的体系。

1. 政府相关部门是法规执行和监督的主要责任主体

住房和城乡建设部作为建设工程主管部门，负责制定和实施建筑电气工程相关的政策法规，并对执行情况进行监督。其职责包括制定行业发展规划、颁布技术标准、组织重大项目审查、监督质量安全等。国家能源局则负责电力行业的监管工作，包括电力设施的建设和运行。其主要职责涵盖电力发展规划、电力市场监管、电力安全生产监督等方面。这两个部门在建筑电气工程法规的执行和监督中起到核心作用，通过制定政策、组织检查、处理违规行为等方式确保法规的有效实施。

地方政府的建设主管部门和能源主管部门负责在本地区范围内贯彻执行国家法规政策，并根据本地实际情况制定实施细则。这些部门通过日常检查、专项检查、随机抽查等方式，对辖区内的建筑电气工程进行监督管理。例如，地方建设部门会定期对在建项目进行现场检查，检查内容包括施工资质、材料质量、施工工艺、安全措施等方面。地方能源部门则重点关注电力设施的运行安全和用电管理，通过定期巡查、用电检查等方式确保电气系统的安全运行。

2. 行业自律组织在法规执行和监督中也发挥着重要作用

例如，中国建筑电气工程协会等行业组织通过制定行业标准、开展技术培训、组织评优评级等活动，促进行业自律和规范发展。这些组织虽然不具备行政执法权，但其影响力和专业性使其成为法规执行和监督的重要补充力量。行业协会通常会组织专家委员会，定期对行业发展趋势和技术热点进行研究，为法规的制定和修订提供专业意见。同时，协会还会举办各种技术交流会议和培训课程，帮助行业从业者及时了解最新法规要求和技术标准，提高整个行业的合规意识和技术水平。

3. **建筑电气工程的参与各方也是法规执行的重要主体**

设计单位、施工单位、监理单位和建设单位都有责任在各自的工作范围内严格遵守相关法规。例如，设计单位必须确保设计方案符合相关标准和规范，包括电气系统的容量计算、线路布置、保护措施等都必须符合最新的法规要求。施工单位则需要严格按照设计图纸和施工规范进行施工，确保所用材料和设备符合质量标准，施工工艺满足技术规范。监理单位负责对施工过程进行监督，确保施工质量符合要求，包括对关键工序和重要部位进行重点监督，及时发现和纠正施工中的问题。建设单位作为项目的最终责任人，需要对整个工程的质量和安全负责，包括选择合格的设计、施工和监理单位，保证工程资金，配合各方做好质量控制工作。

4. **建筑电气工程法规的监督方式**

（1）行政许可：通过对建筑电气工程相关的设计、施工、监理等单位资质的审批，确保参与工程的单位具备相应的能力和资格。这包括对企业资质的定期审查和更新，以及对项目负责人和关键技术人员资格的审核。

（2）过程监管：在工程设计、施工、验收等各个阶段，监管部门通过现场检查、资料审核等方式对法规执行情况进行监督。例如，在设计阶段，会对设计文件进行审查，确保其符合相关标准；在施工阶段，会进行定期和不定期的现场检查，重点关注施工质量和安全措施。

（3）质量验收：工程竣工后，必须经过严格的验收程序，确保工程质量符合法规要求。这通常包括施工单位的自检、监理单位的复核、建设单位组织的竣工验收，以及必要时的政府部门抽查。验收内容涵盖电气系统的各个方面，包括配电系统、照明系统、接地系统等。

（4）信用管理：通过建立健全信用评价体系，对违反法规的行为进行记录和处罚，促进行业自律。信用评价结果可能影响企业参与项目投标、资质审核等方面，从而形成长效的约束机制。

5. **建筑电气工程法规仍面临的挑战**

（1）监管资源不足的问题。随着建设项目数量的增加和技术复杂度的提高，监管部门的人力和技术资源往往难以满足全面监管的需求。这可能导致一些项目得不到充分的监督，增加了质量和安全风险。

（2）部分地区存在执法不严、监管不到位的情况，这可能导致法规在实际执行中被忽视或规避。例如，一些地方可能为了追求经济增长而对建筑项目的质量要求有所放松，或者由于地方保护主义而对本地企业的违规行为采取宽松态度。

（3）不同部门之间的协调配合也存在改进空间，有时会出现监管重复或缺位的情况。例如，建设部门和能源部门在电气工程监管方面可能存在职责交叉，如果协调不当，可能导致某些方面重复监管而其他方面却疏于监管。

为了应对这些挑战，近年来一些新的监管手段和方法正在被引入。例如，利用信息技术建立电子监管平台，实现对建筑电气工程全过程的在线监管。这种平台可以整合设计、施工、验收等各个环节的信息，实现实时监控和数据分析，提高监管效率。再如，引入第三方评估机制，通过专业机构的独立评估提高监管的客观性和专业性。这些第三方机构通常具有专业的技术力量和先进的评估方法，可以对复杂的电气系统进行全面评估，为监管部门提供专业意见。

此外，一些地方开始探索"互联网+"监管模式，利用大数据、物联网等技术手段，实现对建筑电气系统的远程监测和智能分析。例如，通过在关键设备上安装传感器，实时监测其运行状态，及时发现潜在风险。

这些创新举措有望提高法规执行和监督的效率和效果，但同时也带来了新的挑战，如数据安全、隐私保护等问题需要得到妥善解决。未来，建筑电气工程法规的执行和监督将朝着智能化、精准化和协同化的方向发展，以适应日益复杂的建筑电气系统和不断提高的安全、效率要求。

四、法规更新的趋势与动向

建筑电气工程法规的更新是一个持续的过程，反映了技术进步、社会需求变化和管理理念的演进。通过分析近年来的法规更新趋势，可以预见未来建筑电气工程法规发展的主要方向。

1. 安全性要求的不断提高是法规更新的永恒主题

随着建筑规模的扩大和用电负荷的增加，对电气系统安全性的要求也在不断提高。未来的法规更新将更加注重系统的可靠性和故障处理能力，如引入更先进的保护措施、加强对电磁兼容性的要求等。未来，可能会看到更严格的接地系统设计标准，更高要求的短路保护和过载保护措施，以及更全面的电磁兼容性测试要求。同时，针对新型安全威胁（如网络安全）的法规也将得到加强。随着智能电网和物联网技术的广泛应用，电气系统面临的网络安全风险日益增加，未来的法规可能会对建筑电气系统的网络安全防护提出明确要求。

2. 法规的国际化和标准化趋势将更加明显

随着全球经济一体化的深入，建筑电气工程法规的国际协调将成为必然趋势。未来可能会看到更多基于国际标准（如 IEC 标准）制定的国家标准，以及更多的双边或多边互认协议。这将有助于提高国内建筑电气工程的国际竞争力，促进技术和产品的国际贸易。同时，参与国际标准的制定也将成为国内法规制定部门和行业专家的重要任务。

3. 法规制定和更新的过程也在发生变化

一方面，法规制定将更加注重科学性和实用性，更多地采用基于性能的标准而非具体的技术规定。这种方法可以为技术创新留出空间，同时确保安全性和可靠性。另一方面，法规制定过程将更加开放和透明，更多地吸收行业专家和公众的意见。例如，可能会看到更多的公开征求意见程序，更广泛的专家咨询机制，以及更透明的法规制定过程。

总的来说，未来建筑电气工程法规的发展将更加注重系统性、前瞻性和灵活性，以适应快速变化的技术环境和社会需求。这要求相关部门和行业参与者保持学习和创新的态度，及时跟进法规更新，不断提高建筑电气工程的质量和水平。同时，也需要加强国际交流与合作，借鉴国际先进经验，推动国内建筑电气工程法规体系的不断完善和发展。

第二节　供配电系统的安全标准与规范

一、电气安全标准的历史与发展

电气安全标准的发展历程与电力技术的演进紧密相连，反映了人类对电气安全认知的不断深化和完善。从最初的简单规定到如今复杂而系统的标准体系，电气安全标准经历了长期的演变过程。

在电气技术刚刚兴起的19世纪末期，电气安全标准还处于萌芽阶段。当时的规定主要集中在防止触电和火灾等基本安全问题上，多由地方政府或电力公司自行制定，缺乏统一性和系统性。随着电力应用的普及，各国开始认识到制定统一标准的重要性。1897年，美国成立了国家电气规范委员会，开始着手制定全国性的电气安全标准。这标志着电气安全标准化工作的正式开始。

20世纪初至中期，随着电力系统规模的扩大和复杂度的提高，电气安全标准也开始向更加专业和系统化的方向发展。这一时期，各国相继成立了专门的标准化组织，如美国的国家标准协会（ANSI）、英国的标准协会（BSI）等。这些组织开始系统地制定和完善电气安全标准，涵盖范围也从基本的安全防护扩展到设备性能、安装要求、测试方法等多个方面。

第二次世界大战后，随着科技的飞速发展和国际贸易的增长，电气安全标准的国际化趋势开始显现。1906年成立的国际电工委员会在这一时期开始发挥重要作用，致力于推动电气技术标准的国际统一。国际电工委员会制定的多项标准，如IEC 60364（低压电气装置）系列标准，成为许多国家电气安全法规的重要参考。

进入20世纪后期，电气安全标准的发展呈现出几个明显特征。首先是标准的系统化和精细化。标准不再局限于单一设备或系统，而是形成了涵盖设计、施工、验收、运维全过程的完整体系。其次是标准的科学化。随着对电气危险的深入研究，标准制定越来越多地依赖科学实验和统计分析，使得标准更加客观和可靠。最后是标准的动态更新机制的建立。许多国家和国际组织开始定期更新标准，以适应技术发展和新的安全需求。

21世纪以来，电气安全标准的发展进入了新的阶段。一方面，新技术的应用如智能电网、可再生能源并网等，对传统的电气安全标准提出了新的挑战，促使标准体系不断扩展和更新；另一方面，全球化趋势推动了电气安全标准的国际协调，IEC标准在全球范围内的影响力不断增强，许多国家开始采用或参考IEC标准制定本国标准。

同时，电气安全标准的关注点也在不断拓展。除了传统的触电防护和过电流保护，电磁兼容性、能源效率、环境保护等新的维度也被纳入标准体系。例如，针对电子设备的电磁干扰问题，制定了一系列EMC（电磁兼容性）标准；为了提高能源利用效率，制定了各类电气设备的能效标准；考虑到环境保护需求，又制定了限制有害物质使用的标准。

在供配电系统方面，安全标准的发展体现了从单一设备到系统整体的转变。早期的标准主要关注变压器、开关、电缆等单个设备的安全性能，而现代标准更加注重整个供配电系统的安全可靠运行。例如，制定了系统接地方式的选择标准、负荷计算方法、短路电流计算及其影响的评估标准等。此外，随着分布式发电和智能电网的发展，供配电系统安全标准也开始涵盖新能源并网、需求侧响应、智能调度等新领域。

总的来说，电气安全标准的发展历程反映了人类对电气安全认知的不断深化，以及对电力系统安全、可靠、高效运行要求的不断提高。这一过程是技术进步、实践经验积累和安全意识提升的综合体现。未来，随着新技术的不断涌现和社会对安全的更高要求，电气安全标准将继续演进，为建筑电气工程的安全发展提供更加科学和全面的指导。

二、人身安全与电气保护标准

人身安全是电气工程中最重要的考量因素之一，电气保护标准的主要目标就是确保人员在使用和维护电气设备时的安全。这些标准涵盖了多个方面，包括触电防护、过电流保护、接地系统设计等。

（1）触电防护是电气保护标准的核心内容之一。标准主要从以下几个方面规定了触电防护措施：首先是基本防护（或称直接接触防护）。这主要通过对带电部分进行绝缘或采用外壳、屏障等方式实现。标准规定了不同场所和设备的绝缘等级要求，以及外壳、屏障的防护等级（IP 等级）要求。例如，对于公共场所的低压配电设备，通常要求达到 IP2X 的防护等级，即防止手指接触带电部分。其次是故障防护（或称间接接触防护）。这主要通过接地系统设计和保护电器的配合来实现。标准规定了不同接地系统（如 TT、TN、IT 系统）的设计要求，以及在不同系统中应采用的保护措施。例如，在 TN 系统中，通常采用过电流保护装置和等电位连接来实现故障防护。最后是附加防护。这是在基本防护和故障防护可能失效的情况下提供的额外保护措施。最典型的附加防护措施是使用剩余电流动作保护器（RCD）。标准规定了 RCD 的使用场所和动作特性要求，如在浴室等潮湿场所必须使用额定动作电流不大于 30mA 的 RCD。

（2）过电流保护是电气保护标准的另一个重要内容。标准从以下几个方面规定了过电流保护要求：首先是过载保护。标准规定了各类电路的允许载流量计算方法，以及相应的过载保护装置选择原则。例如，对于电缆，标准给出了根据敷设方式、环境温度等因素确定允许载流量的详细计算方法。其次是短路保护。标准规定了短路电流计算方法，以及短路保护装置的选择和整定原则。例如，要求短路保护装置的分断能力不小于安装点的预期短路电流，并且能在导体达到允许温度之前将短路电流切断。最后是选择性保护。标准要求在设计多级保护系统时，应合理协调各级保护装置的动作特性，以实现选择性保护。这包括时间选择性、电流选择性和功能选择性等多种方式。

（3）接地系统设计是确保人身安全和设备保护的关键。标准从以下几个方面规定了接地系统的设计要求：首先是接地方式的选择。标准规定了 TT、TN、IT 三种基本接地系统的适用条件和设计原则。例如，对于公共低压配电系统，通常推荐采用 TN-S 系统，即将中性线和保护线分开。其次是接地电阻要求。标准规定了不同场所和系统的接地电阻限值。例如，对于一般建筑物的接地装置，标准通常要求其接地电阻不大于 4Ω。最后是等电位连接。标准要求在建筑物内部实施等电位连接，将所有外露可导电部分和外界可导电部分连接到等电位端子板上，以消除危险电位差。除了上述主要内容，电气保护标准还涉及许多其他方面，如电磁兼容性（EMC）要求、防雷保护要求、特殊场所（如医疗场所、爆炸性环境）的特殊保护要求等。这些标准共同构成了一个全面的人身安全与电气保护体系。

（4）电磁兼容性要求是现代电气保护标准中日益重要的一部分。随着电子设备的广泛应用，电磁干扰问题越来越突出。标准从以下几个方面规定了电磁兼容性要求：首先是电磁发射限值。标准规定了各类电气设备在不同频段的电磁发射限值，以防止对其他设备造成干扰。这包括传导发射和辐射发射两个方面。其次是电磁抗扰度要求。标准规定了电气设备在受到各种电磁干扰时应保持正常工作的能力。这包括对静电放电、射频电磁场、电快速瞬变脉冲群等多种干扰的抗扰度要求。最后是安装和布线要求。标准给出了减少电磁干扰的安装和布线建议，如电力电缆和信号电缆的分开敷设、屏蔽和接地技术等。

（5）对于特殊场所，如医疗场所、爆炸性环境等，标准提出了更为严格和特殊的保护要求：在医疗场所，标准特别强调了电气安全的重要性，因为病人可能处于特殊状态，对电气危险更为敏感。标准从以下几个方面提出了要求：首先是供电可靠性。标准要求医疗场所的关键负荷必须配备应急电源，并规定了不同等级医疗场所的供电可靠性要求。其次是接地系统。标准要求在医疗场所采用 IT 系统，并配备绝缘监测装置，以提高系统的可靠性和安全性。最后是等电位连接。标准要求在医疗场所实施更为严格的等电位连接，以消除可能危及病人安全的接触电压。

（6）在爆炸性环境中，电气设备可能成为引发爆炸的因素，因此标准提出了特殊的防爆要求：首先是区域划分。标准要求根据爆炸性气体出现的频率和持续时间，将场所划分为不同的危险区域。其次是设备选型。标准规定了在不同危险区域内可以使用的防爆电气设备类型，包括隔爆型、增安型、本质安全型等。最后是安装要求。标准给出了防爆电气设备的安装、接线、接地等特殊要求，以确保在任何情况下都不会引发爆炸。

这些标准的制定和实施，极大地提高了电气系统的安全性，有效保护了人身安全和设备安全。而且，随着技术的发展和新应用的出现，电气保护标准也在不断更新和完善。例如，随着新能源发电和智能电网技术的发展，标准开始关注分布式发电系统的并网保护、智能电表的安全性等新问题。再如，随着电动汽车的普及，充电设施的安全标准也成为一个新的研究热点。

三、安全标准的实施与评估

安全标准的制定只是第一步，有效的实施和评估才能确保标准发挥作用。安全标准的实施涉及多个环节，需要各方面的协调配合；而评估则是检验标准实施效果、发现问题并持续改进的重要手段。

在具体实施过程中，安全标准的实施和评估还面临一些挑战：首先是标准的复杂性和专业性。许多安全标准涉及复杂的技术内容，对执行人员的专业素质要求较高。这就需要加强培训和能力建设，提高相关人员的专业水平。其次是新技术的发展。随着新技术的不断涌现，一些标准可能很快就会过时。这就需要建立标准的动态更新机制，及时跟进技术发展。再次是执行成本的问题。实施高标准的安全措施通常需要较高的投入，可能面临经济压力。这就需要平衡安全和效益，探索更加经济高效的安全技术。最后是不同标准之间的协调问题。随着标准体系的日益完善，不同标准之间可能存在重叠甚至矛盾的情况。这就需要加强标准体系的整体规划和协调。

安全标准的实施和评估是一个连续的过程。随着技术的进步、社会的发展和新问题的出现，安全标准及其实施方法都需要不断调整和完善。只有持续关注实际效果，及时发现问题并加以改进，才能确保安全标准真正发挥作用，为建筑电气工程的安全运行提供有力保障。

第三节　节能与环保的法规要求与实施

一、节能建筑电气设计的法规要求

随着全球能源危机和环境问题的日益突出，节能建筑电气设计已成为建筑电气工程领域的重要发展方向。各国政府和相关机构相继出台法规和标准，对建筑电气系统的节能设计提出了明确要求。这些法规要求涵盖了建筑电气系统的各个方面，从总体能耗控制到具体设备的能效标准，形成了一个全面的节能设计框架。

（1）在总体能耗控制方面，法规通常采用建筑能耗指标的方式进行规定。这些指标通常以单位建筑面积年耗电量（$kWh/m^2 \cdot$ 年）的形式给出，并根据建筑类型、气候区域等因素进行分类。例如，对于办公建筑，法规可能规定其年耗电量不得超过某个特定值。这种总量控制的方式为设计者提供了一定的灵活性，允许在不同系统之间进行权衡，以达到最佳的整体节能效果。

（2）针对建筑电气系统的主要用能设备，法规提出了具体的能效要求。这主要包括照明系统、空调系统、电梯系统以及变压器和配电系统等。对于照明系统，法规通常规定了照明功率密度限值和照明设备的能效等级，同时鼓励采用自然采光和智能照明控制技术。空调系统方面，法规要求选用高效节能的设备，并鼓励采用变频技术和智能控制系统。对于电梯系统，法规要求选用高效的曳引机和控制系统，并鼓励采用能量回馈技术。变压器和配电系统方面，法规对变压器的能效等级提出了要求，并鼓励使用高效节能型变压器，同时要求合理设计配电系统以减少线路损耗。

（3）法规对建筑电气系统的整体设计提出了节能要求。这包括负荷计算和容量确定、分区和分项计量、可再生能源利用以及能源管理系统等方面。在负荷计算和容量确定方面，法规要求考虑实际用电特性和负荷的同时率，避免过度设计导致的能源浪费。在分区和分项计量方面，法规要求对建筑物的不同区域和不同用能系统进行分区计量，以便于能耗管理和节能潜力分析。对于可再生能源利用，法规鼓励在建筑中集成太阳能光伏发电等可再生能源系统，并对其并网和控制提出了要求。

（4）法规还对节能设计的文件要求和审查程序做出了规定。通常要求设计单位提供专门的节能设计说明，详细阐述采用的节能措施及其预期效果。在审图阶段，节能设计将作为重点审查内容之一。

随着技术的发展和节能要求的不断提高，节能建筑电气设计的法规要求也在不断更新和完善。例如，近年来随着 LED 照明技术的成熟，许多国家都提高了照明系统的能效要求。又如，随着智能建筑技术的发展，一些国家开始在法规中加入对智能化节能控制的要求。这些变化反映了节能技术和理念的不断进步，也对建筑电气设计提出了更高的要求。

总的来说，节能建筑电气设计的法规要求正朝着更加全面、系统和严格的方向发展。这些法规的实施，对推动建筑电气系统的节能降耗起到了重要作用，同时也为电气工程师提出了新的挑战，要求其不断更新知识，掌握新技术，以适应日益严格的节能要求。

二、环保法规在供配电系统中的应用

环保问题已成为全球关注的焦点，建筑供配电系统作为能源消耗的重要环节，其环保性能直接影响着建筑物的整体环保水平。因此，各国相继出台环保法规，对供配电系统提出了明确的环保要求。这些法规主要从设备材料的环保性、电磁污染控制、噪声控制、废弃物管理、节能减排以及可再生能源接入等方面规范供配电系统的环保性能。

在设备材料的环保性方面，法规要求供配电系统中使用的设备和材料必须符合环保标准。这包括有害物质限制、可回收性要求以及能源效率等方面。例如，欧盟的 RoHS 指令就对电子电气设备中的六种有害物质的含量做出了严格规定。同时，法规鼓励使用可回收材料，并要求制造商提供产品的回收处理方案。在能源效率方面，法规对变压器、开关设备等主要设备的能效水平提出了要求，鼓励使用高效节能型设备。

电磁污染控制是环保法规的另一个重要方面。随着电子设备的广泛应用，电磁污染问题日益突出。法规从电磁辐射限值、电磁兼容性要求以及接地系统设计等方面进行规范。具体而言，法规规定了供配电设备在不同频段的电磁辐射限值，要求供配电系统具有良好的电磁兼容性，既不对外界产生过大干扰，也能在一定电磁环境中正常工作。同时，法规对接地系统提出了明确要求，良好的接地系统不仅能提高供配电系统的安全性，还能有效降低电磁污染。

噪声控制是供配电系统环保性能的重要指标之一。变压器、开关设备等可能产生噪声污染，环保法规从噪声限值、隔声措施和设备选型等方面进行控制。法规规定了不同类型设备的噪声限值，通常根据安装环境的不同有所区别。对于可能产生较大噪声的设备，法规要求采取必要的隔声措施，如安装隔声罩、使用吸声材料等。同时，法规鼓励选用低噪声设备，如干式变压器通常比油浸式变压器的噪声更小。

废弃物管理是环保法规的重要内容之一。供配电系统在运行和维护过程中可能产生各种废弃物，环保法规对此提出了严格要求。对于油浸式变压器等含油设备，法规要求制定严格的废油处理方案，以防止油污染。对于废旧的电气设备，法规要求进行规范化处理，鼓励回收利用。在系统安装和改造过程中产生的废弃物，法规要求进行分类处理，尽可能回收利用。

这些环保法规的实施，极大地提高了供配电系统的环保性能，减少了系统对环境的负面影响。然而，随着环保要求的不断提高和新技术的不断涌现，环保法规也在不断更新和完善。例如，随着智能电网技术的发展，一些国家开始在法规中加入对供配电系统智能化的环保要求，以提高系统的能源利用效率和可再生能源消纳能力。

总的来说，环保法规在供配电系统中的应用是全面而深入的，涵盖了从设备选型到系统运行的各个环节。这些法规的实施，不仅提高了供配电系统的环保性能，也推动了相关技术的创新和发展，为建筑电气工程的可持续发展指明了方向。

三、节能认证与评估体系

节能认证与评估体系是确保建筑电气系统节能效果的重要手段，也是节能法规有效实施的关键。随着节能要求的不断提高，各国都建立了相应的认证与评估体系，以规范和指导建筑电气系统的节能工作。这些体系通常包括节能产品认证、建筑节能评估、节能改造评估、能源管理体系认证、节能服务认证以及专业人员认证等方面。

节能产品认证是针对建筑电气系统中使用的各种设备和产品的能效水平进行评价和认证的制度。这包括制定认证标准、规定认证程序、设计认证标识以及确定认证的强制性或自愿性等内容。认证标准通常包括能效等级的划分、测试方法、评价指标等。认证程序通常包括申请、样品检测、工厂检查、评价与批准、获证后监督等环节。获得认证的产品可以使用特定的节能标识，如能效标签、节能认证标志等。某些关键产品的节能认证可能是强制性的，而其他产品则可能是自愿申请。通过这种认证，可以有效引导市场选择高效节能的产品，推动产品技术的不断进步。

建筑节能评估是对整个建筑物（包括其电气系统）的节能性能进行综合评价的体系。这通常包括制定评估标准、选择评估方法、确定评估阶段以及给出评估结果等。评估标准通常包括建筑能耗指标、各分项系统的能效要求、可再生能源利用比例等。评估方法可能包括理论计算、实测数据分析、能耗模拟等多种方法。评估通常包括设计阶段评估和运行阶段评估。评估结果通常以评分或等级的形式给出，有些国家还会颁发节能建筑证书。这种评估可以全面反映建筑物的节能水平，为建筑设计、施工和运营提供指导。

针对既有建筑的节能改造，也建立了相应的评估体系。这包括改造前评估、改造方案评估以及改造后评估等环节。改造前评估主要是对建筑现状进行能耗诊断，找出节能潜力。改造方案评估是对不同改造方案的节能效果和经济性进行评估。改造后评估则是对改造效果进行验证，通常需要至少一年的运行数据。通过这种评估，可以科学地指导节能改造工作，确保改造效果。

对于大型公共建筑和工业建筑，一些国家推行了能源管理体系认证。这种认证基于 ISO 50001 等国际标准，要求建立系统的能源管理制度，包括能源方针、能源规划、实施与运行、检查、管理评审等方面。认证程序通常包括文件审核、现场审核、认证决定、获证后监督等环节。这种认证可以促进组织建立系统化、规范化的能源管理体系，持续改进能源绩效。

为了规范节能服务市场，一些国家还建立了节能服务公司（ESCO）的认证体系。这包括对节能服务公司的资质认证和对其实施的节能项目的认证。资质认证主要对节能服务公司的技术能力、管理能力、资金实力等进行认证。项目认证则是对节能服务公司实施的节能项目进行认证，验证其节能效果。这种认证可以提高节能服务的质量和可信度，促进节能服务产业的健康发展。

最后，为了确保节能工作的专业性，一些国家建立了相关的专业人员认证体系。这包括能源管理师、节能评估师等，通过考试、培训等方式进行认证。这些专业人员在节能工作中发挥着重要作用，如进行能源审计、制定节能方案、实施节能改造、开展节能培训等。通过专业人员认证，可以提高节能工作的专业水平和质量。

这些节能认证与评估体系的建立和实施，为建筑电气系统的节能工作提供了重要保障。它们不仅为节能工作提供了客观的评价标准，也为市场提供了可靠的信息指引，同时还推动了节能技术和管理水平的不断提高。随着节能要求的不断提高和技术的不断发展，这些认证与评估体系也在不断完善和发展，以适应新的需求和挑战。

第四节　建筑电气工程的质量控制与评估

一、质量控制的基本要求

建筑电气工程的质量控制是工程安全、可靠和高效运行的基础。质量控制的基本要求涵盖了设计、施工、验收和运维的整个过程，形成了一个全面而系统的质量管理体系。这些要求不仅体现了技术标准和规范的要求，也反映了项目管理的先进理念和方法。

1. 质量控制的基本要求强调全过程管理

这意味着质量控制不仅在施工阶段，而且贯穿工程的全生命周期。在设计阶段，质量控制要求重点关注设计方案的合理性、经济性和可实施性。设计文件必须符合相关标准和规范，并经过严格的审核和批准程序。在施工阶段，质量控制要求严格执行施工规范和技术标准，确保施工质量符合设计要求。在验收阶段，需要进行全面的质量检查和测试，确保工程符合设计和规范要求。在运维阶段，则需要建立长效的质量管理机制，确保系统长期安全、可靠运行。

2. 质量控制的基本要求强调以预防为主

这要求在工程实施的各个阶段都要采取积极的预防措施，而不是仅仅依靠事后检查和纠正。在设计阶段，应通过设计优化和方案比选来预防可能出现的质量问题。在施工准备阶段，应对施工方案进行详细的技术交底，确保施工人员充分理解设计意图和质量要求。在施工过程中，应建立健全质量检查制度，及时发现和解决问题。

3. 质量控制的基本要求强调全员参与

质量控制不是某个专门部门或个人的责任，而是每个参与工程的人员都应承担的责任。这要求建立健全质量责任制，明确各岗位的质量职责，并将质量控制的要求纳入日常工作中。同时，还需要加强质量意识的培养和技能培训，提高全体人员的质量控制能力。

4. 质量控制的基本要求强调持续改进

这意味着质量控制不是一次性的工作，而是需要通过不断的评估和反馈来持续改进。这要求建立有效的质量信息收集和分析系统，及时发现质量问题和改进机会。同时，还需要建立质量改进的激励机制，鼓励全体人员积极参与质量改进活动。

5. 质量控制的基本要求强调科学性和系统性

这要求质量控制工作必须建立在科学的理论和方法基础之上，采用系统的方法来分析和解决问题。例如，可以采用统计过程控制（SPC）、失效模式与影响分析（FMEA）等科学方法进行质量控制。同时，还需要考虑质量控制与其他管理活动（如进度管理、成本管理等）的协调，确保质量控制能够与整个项目管理体系有机结合。

6. 质量控制的基本要求强调文件化和可追溯性

这要求建立完善的质量记录系统，对质量控制的各项活动和结果进行详细记录。这些记录不仅是质量控制的重要证据，也是进行质量分析和改进的重要依据。同时，还需要建立质量追溯机制，及时查找质量问题的根源，并采取有效的纠正和预防措施。

7. 质量控制的基本要求强调风险管理

建筑电气工程往往涉及复杂的技术和管理问题，潜在各种质量风险。因此，质量控制必须与风险管理紧密结合，通过识别、评估和控制风险来预防质量问题的发生。这要求建立健全的风险管理体系，定期进行风险评估，并制定相应的风险应对策略。

8. 质量控制的基本要求还强调与相关方的沟通和协调

建筑电气工程通常涉及多个参与方，如业主、设计单位、施工单位、监理单位等。良好的沟通和协调是确保质量控制有效实施的关键。这要求建立有效的沟通机制，确保各方及时、准确地交换质量信息，并能够就质量问题达成共识。

总的来说，建筑电气工程质量控制的基本要求形成了一个全面、系统、动态的质量管理体系。这些要求的有效实施，能够显著提高工程质量，降低质量风险，确保工程的安全、可靠和高效运行。同时，这些要求也反映了质量管理理念的不断发展和进步，为建筑电气工程的质量提升提供了重要指导。

二、供配电工程中的质量管理方法

供配电工程是建筑电气工程的核心部分，其质量直接关系到整个建筑的用电安全和可靠性。针对供配电工程的特点，质量管理方法主要包括以下几个方面。

1. 设计质量管理

设计质量是整个工程质量的基础，供配电工程的设计质量管理主要包括：设计输入控制，确保设计输入信息的完整性和准确性，涉及业主要求、相关标准和规范、场地条件等；设计过程控制，采用标准化的设计流程和方法，如计算机辅助设计（CAD）、建筑信息模型（BIM）等，以提高设计质量和效率；设计评审，组织多方参与的设计评审会议，及时发现和纠正设计中的问题和不足；设计验证，通过计算、模拟等方法验证设计方案的合理性和可行性；设计变更控制，建立严格的设计变更程序，确保变更的合理性和可控性。

2. 材料和设备质量管理

供配电工程中使用的材料和设备直接影响工程质量，因此需要建立严格的质量管理制度：采购质量控制，制定严格的采购标准和程序，选择合格的供应商；进场检验，对进场的材料和设备进行严格检验，确保符合设计和规范要求；存储和保管，建立材料和设备的存储和保管制度，防止损坏和变质；使用控制，建立材料和设备使用的跟踪记录，确保正确使用；不合格品控制，建立不合格品识别、隔离和处理程序，防止误用。

3. 施工质量管理

施工质量管理是整个质量管理的核心，主要包括：施工准备质量控制，涉及施工方案的编制和审核、技术交底、施工人员培训等；过程质量控制，建立健全施工质量检查制度，包括自检、互检和专检；特殊过程控制，对于一些关键或特殊的施工过程，如电缆敷设、设备安装等，制定专门的质量控制措施；施工环境控制，确保施工环境满足质量要求，如温度、湿度、清洁度等；施工记录管理，建立完善的施工记录系统，确保施工过程可追溯。

4. 试验和检测质量管理

试验和检测是验证工程质量的重要手段，需要建立严格的管理制度：试验计划管理，制订详细的试验计划，明确试验项目、方法和标准；试验设备管理，确保试验设备的精度和可靠性，定期进行校准和维护；试验过程控制，严格按照标准和规范进行试验，确保试验数据的准确性；试验结果分析，对试验结果进行科学分析，及时发现问题并采取纠正措施；试验报告管理，建立完善的试验报告管理系统，确保报告的真实性和可追溯性。

5. 验收质量管理

验收是确认工程质量的最后环节，需要建立严格的验收制度：验收准备，制订详细的验收计划，准备相关文件和资料；分项验收，对各个分项工程进行验收，确保每个部分都符合要求；系统联合试运转，进行系统的联合试运转，验证系统的整体性能；竣工验收，组织最终的竣工验收，全面评估工程质量；验收资料管理，建立完善的验收资料管理体系，为后续的运维和改造提供依据。

6. 质量信息管理

有效的质量信息管理是质量控制的重要支撑：质量数据收集，建立系统的质量数据收集机制，涵盖工程的各个阶段和环节；质量数据分析，采用统计分析等方法，对质量数据进行深入分析，发现质量趋势和问题；质量报告系统，建立定期的质量报告制度，及时反映质量状况；质量信息反馈，建立质量信息的快速反馈机制，确保质量问题能够及时处理；质量知识库，建立质量知识库，积累和共享质量管理经验和教训。

这些质量管理方法的有效实施，能够显著提高供配电工程的质量水平，确保工程的安全性、可靠性和经济性。同时，这些方法也需要根据实际情况不断优化和改进，以适应不断变化的技术和管理要求。

三、施工质量的评估与反馈机制

施工质量的评估与反馈是建筑电气工程质量控制的重要环节，它不仅能够及时发现和纠正施工过程中的质量问题，还能为持续改进提供重要依据。有效的施工质量评估与反馈机制通常包括以下几个方面。

1. 评估标准的制定

评估标准是进行质量评估的基础，需要根据工程特点和相关规范制定科学、合理的评估标准。这些标准通常包括：技术标准，包括材料和设备的技术参数、施工工艺要求、系统性能指标等；管理标准，包括质量管理体系要求、文件记录要求、安全管理要求等；外观标准，包括设备安装的整齐度、线路敷设的美观性等；功能标准，包括系统的运行稳定性、可靠性、效率等。

2. 评估方法的选择

根据评估对象和目的，可以选择不同的评估方法：实地检查，通过现场巡视、抽查等方式直接评估施工质量；文件审查，通过审查施工记录、质量报告等文件来评估质量管理的有效性；测试和试验，通过各种测试和试验来验证系统的性能和质量；数据分析，通过分析各种质量数据来评估质量状况和趋势；问卷调查，通过对相关人员进行调查来了解质量管理的实际情况。

3. 评估实施

评估的实施过程需要遵循以下原则：客观性，评估人员应保持客观、公正的态度，避免主观臆断；全面性，评估应涵盖工程的各个方面，不遗漏重要环节；及时性，评估应及时进行，以便及时发现和解决问题；参与性，鼓励各相关方参与评估过程，提高评估的全面性和准确性；系统性，评估应采用系统的方法，考虑各因素之间的影响。

4. 评估结果的分析

对评估结果进行深入分析是发现问题、提出改进建议的关键：数据统计，对评估数据进行统计分析，找出质量问题的分布特征；趋势分析，通过对历次评估结果的对比分析，找出质量变化的趋势；原因分析，对发现的质量问题进行深入分析，找出根本原因；影响评估，评估质量问题对工程整体的影响程度；改进建议，根据分析结果提出具体的改进建议。

5. 反馈机制的建立

有效的反馈机制是确保评估结果得到应用的关键：及时反馈，评估结果应及时反馈给相关方，以便采取必要的纠正措施；分级反馈，根据问题的严重程度和紧急程度，采用不同的反馈方式和频率；闭环管理，建立问题跟踪和验证机制，确保问题得到有效解决；经验总结，定期总结评估和改进的经验教训，形成最佳实践；持续改进，将评估结果作为持续改进的依据，不断提高质量管理水平。

通过建立科学、有效的施工质量评估与反馈机制，可以实现对施工质量的全面、及时、准确的评估，并通过有效的反馈促进质量问题的及时解决和持续改进。这不仅能够提高工程的整体质量水平，还能为质量管理积累宝贵的经验和数据，推动建筑电气工程质量管理水平的不断提升。

四、质量控制与持续改进措施

质量控制与持续改进是建筑电气工程质量管理的核心内容，它不仅能够确保工程质量达到预定目标，还能推动质量水平的不断提升。有效的质量控制与持续改进措施通常包括以下几个方面。

1. 质量计划的制订与实施

质量计划是质量控制的基础，它明确了质量目标、质量控制措施和责任分工。质量计划的制订与实施的主要步骤：质量目标设定，根据工程特点和要求，设定明确、可测量的质量目标；质量控制点确定，识别工程中的关键质量控制点，制定相应的控制措施；资源配置，合理配置人力、物力、财力等资源，确保质量控制措施的落实；实施监督，建立监督机制，确保质量计划得到有效执行；效果评估，定期评估质量计划的实施效果，并进行必要的调整。

2. 过程控制的强化

过程控制是确保最终质量的关键，需要从以下几个方面加强：标准化作业，制定标准化的作业指导书，规范施工过程；关键工序控制，对关键工序实施重点控制，如采用专人负责制、旁站监督等；实时监测，利用各种监测手段实时监控施工过程，及时发现和纠正偏差；数据分析，对过程数据进行统计分析，发现潜在的质量问题；预防措施，根据过程分析结果，采取预防性措施，防止质量问题的发生。

3. 质量检查与测试的完善

质量检查与测试是验证质量的重要手段，需要不断完善：检查计划优化，根据工程特点和质量要求，优化检查计划，确保检查的全面性和针对性；检查方法创新，引入新的检查方法和技术，如无损检测、红外热成像等，提高检查的准确性和效率；测试设备管理，加强测试设备的管理，确保设备的精度和可靠性；检查人员培训，加强检查人员的培训，提高其专业能力和责任意识；检查结果分析，对检查结果进行深入分析，找出质量问题的根本原因。

4. 不合格品管理的加强

有效的不合格品管理是防止质量问题扩散的重要措施：及时识别，建立不合格品的快速识别机制，确保及时发现不合格品；隔离控制，对发现的不合格品进行有效隔离，防止误用；原因分析，对不合格品产生的原因进行深入分析，找出根本原因；纠正措施，根据原因分析结果，制定和实施有效的纠正措施；预防改进，将不合格品管理的经验用于预防类似问题的再次发生。

5. 持续改进机制的建立

持续改进是质量管理的永恒主题，需要建立有效的机制：改进目标设定，根据质量评估结果和发展需求，设定明确的改进目标；改进方案制定，组织相关人员制定详细的改进方案，明确改进措施和责任分工；改进实施，组织实施改进方案，并对实施过程进行监督和指导；效果评估，对改进效果进行评估，验证改进目标的达成情况；标准化和推广，将有效的改进措施标准化，并在更大范围内推广应用。

6. 质量文化的培育

质量文化是质量管理的软实力，需要长期培育：质量意识培养，通过各种形式的培训和宣传，提高全员的质量意识；质量责任落实，建立明确的质量责任制，将质量责任落实到每个岗位和个人；质量激励机制，建立质量激励机制，奖励质量表现优秀的个人和团队；质量经验分享，定期组织质量经验交流活动，促进质量管理经验的传播和应用；质量价值观塑造，将质量价值观融入企业文化，形成重视质量的组织氛围。

7. 信息化和智能化应用

利用现代信息技术和智能技术可以显著提升质量控制的效率和效果：质量管理信息系统，建立覆盖全过程的质量管理信息系统，实现质量信息的实时采集、分析和共享；BIM 技术应用，利用 BIM 技术进行质量模拟和分析，提前发现和解决潜在的质量问题；物联网技术，利用物联网技术实现对关键设备和环境参数的实时监测；大数据分析，利用大数据技术对海量质量数据进行深度挖掘，发现质量规律和趋势；人工智能应用，利用人工智能技术实现质量预测和智能决策支持。

通过进行质量控制与持续实施改进措施，可以不断提升建筑电气工程的质量水平，满足日益增长的质量需求。同时，这些措施也需要根据实际情况不断优化和创新，以适应不断变化的技术和管理环境。质量控制与持续改进是一个永无止境的过程，需要所有参与者的持续努力和投入，最终实现建筑电气工程的高质量发展。

参考文献

［1］陈春杰. 电气工程及自动化智能化技术在建筑电气中的应用探讨［J］. 百科论坛电子杂志，2020（16）：1741-1742.

［2］陈恩杰. 建筑电气供配电安装施工技术分析［J］. 建筑与装饰，2023（17）：130-132.

［3］陈静. 电气供配电系统的优化设计［J］. 电力设备管理，2021（10）：210-212.

［4］丁玮. 建筑电气供配电系统设计探究［J］. 电气时代，2019（4）：46-48.

［5］丰啸. 建筑机械设备电气工程自动化供配电节能控制分析［J］. 技术与市场，2024，31（4）：111-114.

［6］付习勇. 建筑机械设备电气工程自动化的供配电节能控制［J］. 智能城市，2021，7（22）：82-83.

［7］韩佳蓉. 工程供配电的优化设计要点探讨［J］. 通信电源技术，2019，36（6）：140-141.

［8］何培罩. 电气自动化技术在现代建筑中的应用［J］. 电气技术与经济，2024（7）：124-125.

［9］吉强. 机械设备电气工程自动化与工厂供配电节能控制研究［J］. 通讯世界，2018，25（7）：142-143.

［10］李冰. 浅谈建筑电气中供配电线路设计［J］. 砖瓦世界，2019（10）：

231-231.

[11] 李建明. 建筑电气供配电的安装施工技术 [J]. 江苏建材, 2023（1）：
88-89.

[12] 李松年. 供配电系统电气自动化控制技术的应用研究 [J]. 进展, 2024
（1）：118-120.

[13] 李春雪, 杨永明, 王昕慧, 等. 建筑配电箱设备安装与施工技术研究
[J]. 工程建设与设计, 2024（2）：89-91.

[14] 李兴葆. 低碳背景下建筑电气供配电系统设计要点简析 [J]. 电气技术
与经济, 2022（6）：85-87.

[15] 刘宝涛. 对电气安装工程施工方法及技术措施的研究 [J]. 中小企业管
理与科技, 2010（10）：187-187.

[16] 刘栋材. 高层建筑电气工程供配电系统设计论述 [J]. 建材发展导向,
2019, 17（15）：200-200.

[17] 刘锟. 工程供配电的优化设计要点探究 [J]. 居业, 2018（10）：
42-42.

[18] 刘夏. PLC 在电气自动化控制中的应用 [J]. 今日自动化, 2023（12）：
10-12.

[19] 罗柳萍. 试析高层建筑电气设计中低压供配电系统可靠性 [J]. 中国住
宅设施, 2020（10）：27-28.

[20] 骆樵波. 基于自动化技术的供配电节能控制系统分析 [J]. 电子技术
（上海）, 2023, 52（12）：102-103.

[21] 马越超. 基于节能视角的建筑电气设计方式分析 [J]. 科学技术创新,
2019（11）：117-118.

[22] 彭万里. 建筑机械设备电气工程自动化的供配电节能控制探讨 [J]. 中
国设备工程, 2023（1）：227-229.

[23] 祁伟. 电气自动化技术在建筑工程供配电节能控制中的应用 [J]. 中国
住宅设施, 2023（4）：1-3.

[24] 石文昭. 机械设备电气工程自动化与工厂供配电节能控制分析 [J]. 中

国设备工程，2019（24）：148-149.

［25］孙献智. 机械设备电气工程自动化与工厂供配电节能控制分析［J］. 科学技术创新，2020（19）：173-174.

［26］唐永春，权锋，刘军，等. 建筑工程照明、动力配电箱安装施工技术［J］. 城市住宅，2021，28（7）：212-213.

［27］王超. 机械设备电气工程自动化与工厂供配电节能控制分析［J］. 新型工业化，2022，12（7）：216-219.

［28］王明哲. 基于电气工程自动化的供配电节能控制分析［J］. 通讯世界，2024，31（4）：100-102.

［29］尹兰花. 机械设备电气工程自动化与工厂供配电节能控制分析［J］. 江西建材，2021（5）：232-232.

［30］张英才. 电气工程及其自动化供配电系统节能控制分析［J］. 通信电源技术，2023，40（13）：121-123.